中国空气动力研究与发展中心系列图书

结构风荷载
理论与 Matlab 计算

王卫华　著

国防工业出版社

·北京·

内 容 简 介

理论计算是结构风工程研究的重要方法之一。本书介绍结构风工程方面基本理论方法,并吸收一些最新研究成果,对应理论方法给出 Matlab 计算程序,并给出大量计算实例。书中除了包括传统理论方法,在大气边界层风场还介绍了脉动风模拟及最大风速估计,在结构风荷载中介绍了本征正交分解及非高斯风压极值估计等内容,在结构风致响应中介绍了虚拟激励法及横风向抖振谱模型等内容,在等效风荷载计算中介绍了三维阵风效应因子等内容。

本书可作为有关高等院校大学生和研究生的参考书,也可作为从事风工程研究和工程技术人员的参考书。

图书在版编目(CIP)数据

结构风荷载理论与 Matlab 计算 / 王卫华著. —北京:
国防工业出版社,2018.9
ISBN 978 - 7 - 118 - 11697 - 7

Ⅰ. ①结… Ⅱ. ①王… Ⅲ. ①Matlab 软件 - 应用 - 建筑结构 - 风载荷 Ⅳ. ①TU312 - 39

中国版本图书馆 CIP 数据核字(2018)第 201711 号

※

国防工业出版社出版发行
(北京市海淀区紫竹院南路 23 号 邮政编码 100048)
北京虎彩文化传播有限公司印刷
新华书店经售

*

开本 710×1000 1/16 印张 9½ 字数 190 千字
2018 年 9 月第 1 版第 1 次印刷 印数 1—3000 册 定价 55.00 元

(本书如有印装错误,我社负责调换)

国防书店:(010)88540777　　　发行邮购:(010)88540776
发行传真:(010)88540755　　　发行业务:(010)88540717

前　言

这是一本关于结构风工程方面的基本理论介绍,同时加上作者在学习和工作中编写的一些相关计算程序,另外再新增一些计算程序,经修改、整理后汇编成册,使理论与计算程序相对应。出版这样的一本书是有一定风险的,因为程序总可能会存在瑕疵,你对理论方法的理解是否正确,通过程序就等于完全摊在阳光下,一目了然。但我还是要出版这样一本书,不需要教科书式的权威,也不必介意于内容的深度和广度,只是希望能与大家分享一点学习体会,同时抛砖引玉。假如读者能从中获得一点点帮助或启发,那更是实现本书的最大价值。

书中的计算程序采用 Matlab 软件编写。Matlab 是 MathWork 公司出品的一款科学计算软件,广受欢迎。Matlab 是以矩阵为基本数据单元,因而程序表达式简洁明了,非常接近工程数学中的理论公式。程序也不需要专门编译运行,因而特别适合于科学演算。目前市面上已有不少采用 Matlab 辅助的科学实验书籍,受此启发。我作为曾经的初学者,理解面对一堆繁杂公式时的窘迫,如果能把理论公式转化为计算程序,使理论公式与计算程序相对应,这样不仅使抽象的公式具体化,更可以得到实质的分析结果,这对帮助理解和掌握理论方法必定起到事半功倍的效果。

风工程是一门交叉性学科,涉及的内容十分广泛。本书假设读者已了解了结构动力学、结构随机振动、数理统计等课程的基础知识,当然还熟悉 Matlab 软件。全书共分 5 章,第 1 章主要介绍大气边界层风场基本特性,包括平均风剖面、湍流度、脉动风功率谱等,另外包括脉动风场模拟和最大风速估计;第 2 章主要介绍作用在结构上的风荷载,包括平均风荷载、脉动风荷载及其相关性,另外包括脉动风压管路信号畸变修正、脉动风压场 POD 分解与重建、非高斯脉动风压极值估计方法;第 3 章介绍风荷载作用下的结构顺风向响应计算,包括经典的模态叠加法,另外给出频域方法、虚拟激励法以及应用实例等;第 4 章主要介绍结构横风向风荷载及响应,包括基于三维抖振理论的风荷载谱模型及响应计算和采用卢曼方法的涡激共振模型等;第 5 章介绍结构风振的等效静力风荷载,包括惯性力组合、LRC 背景与共振分量组合、风振系数及三维阵风效应因子等;最后附录中给出了部分实用参考程序和全书的主要函数索引。本书内容既包括了结构风工程方面传统理论方法,又吸收了近十几年来发展的一些新理论和方法,并都给出应用实例,因此在内容上较"新"。同时本书紧贴计算机技术的发展应用,文中大量实例以 Matlab 程序形式给出,而不是采用传统的简化公式,程序稍加修改便可在工程上应用,这是另一个较"新"之处。

书中的每个程序都经过了仔细验证,也给出了大量计算实例对比。计算程序主要以函数形式给出,最后汇集成类似 Matlab 工具箱。程序主要以功能为核心,力求简洁,并注意可读性,但没有进行专门的优化。书中的理论公式除了经验式都尽可能给出推导过程,对一些热点理论方法都尽可能列出或引用较新的参考文献,以便读者查阅和了解现状。

西南交通大学廖海黎教授审阅了全书,李明水教授对本书也提出了宝贵的意见和建议,在此表示感谢。由于作者水平有限,书中的错误和疏漏不可避免,恳请读者批评指正!

作者
2018. 01. 18

目　录

第1章 大气边界层风场

地球表面的物体都要受到大气边界层风场的作用。由于地球表面十分不平坦,存在山丘、河流、农田、树木以及人类各种建筑结构等物体,风吹过地球表面会受到很大的摩擦阻力作用,使近地处风速减缓,到地面附近风速降为零。而随着高度的增加,地表摩擦阻力影响逐渐减弱,风速逐渐增大,到一定高度后几乎不受影响,这个高度称为梯度风高度。梯度风高度以上称为自由大气,在梯度风高度以内就形成了地球特有的大气边界层风场。

大气边界层风场对人类社会的生产、生活产生重要影响,特别是近地层湍流风作用。湍流风是紊乱和随机的,在统计上一般服从正态分布规律。人们通过对大量实测资料分析,总结了大气边界层风场特性参数,包括地表粗糙度影响、平均风速廓线、大气湍流强度、湍流积分尺度以及脉动风功率谱等,这些参数对工程结构的设计应用都十分重要。

1.1 平均风速剖面

1.1.1 对数律

在一段具有均匀粗糙度的水平场地内,大气边界层风场平均风速剖面可以用对数律来描述:

$$U(z) = \frac{u_*}{\kappa} \log\left(\frac{z}{z_0}\right) \tag{1.1.1}$$

式中:z 为高度;κ 为冯·卡门常数,一般取值为 0.4;u_* 为地表摩擦速度或流动剪切速度;z_0 为气动粗糙长度。

考虑到实际粗糙物高度,需要对 z 进行经验修正:定义有效高度 $z = z_g - z_d$,此处 z_d 称为零平面位移(约为地面物体平均高度 3/4),z_g 为实际离地高度。剪切速度 u_* 表示了地表对气流的平均摩擦剪切力大小 $\tau = \rho u_*^2$。z_0 是反映地表粗糙程度参数,也是地面旋涡尺寸度量,由经验值给出,如在开阔的草地为 0.01 ~ 0.05m,城市郊区为 0.1 ~ 0.5m,密集建筑群的城市中心为 1 ~ 5m。

对数律可以较准确描述大气边界层 100 ~ 200m 高度范围内的平均风速,但在风工程应用中,常用指数律来近似描述平均风速剖面。采用指数律的优点是简洁、便于积分计算。

1.1.2 指数律

在一定的高度范围内,大气边界层平均风速剖面可近似用如下指数律描述:

$$\frac{U(z)}{U_r} = \left(\frac{z}{z_r}\right)^\alpha \tag{1.1.2}$$

式中: z_r 为参考高度; U_r 为参考高度处平均风速; α 为风速剖面指数,不同的地表粗糙类型对应不同的 α 指数。如我国的《建筑结构荷载规范》[1](以下简称为荷载规范或规范)中把地表粗糙类型分为 A、B、C、D 四种,对应的风速剖面指数 α 分别为 0.12、0.15、0.22 和 0.3。

随着离地高度增加,地表对气流的摩擦剪切力作用逐渐减弱,平均风速逐渐增大。当达到一定高度后风速几乎不再变化,这个高度即梯度风高度。我国规范中给出不同地表类型的梯度风高度取值,对应 A、B、C、D 四类地形分别为300m、350m、450m 和 550m。

式(1.1.1)和式(1.1.2)用于表示同一平均风速剖面时,则 α 指数与气动粗糙长度 z_0 有如下的近似对应关系[2]:

$$\alpha = \frac{1}{\log(z_{\text{ref}}/z_0)} \tag{1.1.3}$$

其中, z_{ref} 取二者计算平均风速剖面的平均高度或最大高度的 1/2。

下面为最小二乘法拟合两种平均风速剖面及其流场参数的计算程序:

```
1   function WdPara1 = pow_log(WdPara)
2   %  ABL 平均风剖面—对数律与指数律互换
3   %  输入—输出参数为 WdPara 结构体
4   %  WdPara 域包括流场主要参数如 alfa, z0, u* 等
5   %
6   WdPara1 = WdPara;
7   zr = WdPara.zr; % 参考高度
8   ur = WdPara.ur; % 参考风速
9   if ~isfield(WdPara,'Kappa'),WdPara1.Kappa = 0.4; end
10  Kappa = WdPara1.Kappa; % 冯卡门常数
11  zz = (1:100)';
12  % 指数律 to 对数律
13  if isfield(WdPara,'alfa') && ~isempty(WdPara.alfa)
14      WdPara1.Uz = ur* (WdPara1.z/zr).^WdPara.alfa;
```

```
15    WdPara1.U10 = ur* (10/zr).^WdPara.alfa ;
16    %  拟合 剪切速度 us, 粗糙长度 z0
17    uu = ur * (zz/zr).^ WdPara.alfa ;
18    A = uu *  Kappa ;
19    B = [log(zz), -1* ones(size(zz,1),1)];
20    prm = B\A;
21    WdPara1.us = prm(1);
22    WdPara1.z0 = exp(prm(2)/prm(1));
23  %  对数律 to 指数律
24  elseif isfield(WdPara,'z0') && ~isempty(WdPara.z0)
25    us = ur * Kappa/log(zr/WdPara.z0);
26    WdPara1.us = us;
27    WdPara1.Uz = us/Kappa* log(WdPara1.z/WdPara.z0);
28    WdPara1.U10 = us/Kappa* log(10/WdPara.z0);
29    %  拟合 剖面指数 alfa
30    uu = us/Kappa* log(zz/WdPara.z0);
31    A = log(zz/zr);
32    B = log(uu/ur);
33    WdPara1.alfa = A\B;
34  end
35  return
```

上面程序包括两部分计算,分别执行对数律转指数律和指数律转对数律,按最小二乘法拟合(采用 Matalb 内置反除法)。输入、输出参数为结构体变量,结构体变量的域包括了对流场主要参数计算,以便后续程序调用。图 1.1 显示了计算拟合结果以及按式(1.1.3)计算对数律转指数律的结果。

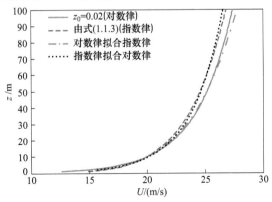

图 1.1　平均风速剖面参数转换

1.2 湍流

1.2.1 湍流强度

大气边界层风场具有很强的湍流特性。把来流瞬时风速减去长周期的平均风(或定常分量)即为短周期的脉动风(或阵风),脉动风可看做是平稳正态随机过程。脉动风速在空间可表示为三维分量,分别用 u,v,w 表示顺风向、横风向和竖向,其统计方差分别表示为 $\sigma_u^2,\sigma_v^2,\sigma_w^2$,则脉动风速的根方差(或均方根)与平均风速的比值定义为湍流强度:

$$I_u = \frac{\sigma_u}{U}; I_v = \frac{\sigma_v}{U}; I_w = \frac{\sigma_w}{U} \tag{1.2.1}$$

实际测量结果表明,近地层脉动风速根方差可近似按下式计算[3]:

$$\sigma_u \approx 2.5u_* ; \quad \sigma_v \approx 2.2u_* ; \quad \sigma_w \approx 1.35u_* \tag{1.2.2}$$

于是由式(1.1.1)、式(1.2.1)和式(1.2.2)可得湍流强度剖面近似计算式:

$$I_u = 1.0/\log(z/z_0)$$
$$I_v = 0.88I_u ; \quad I_w = 0.54I_u \tag{1.2.3}$$

我国荷载规范中给出 A、B、C、D 四类地貌纵向湍流度剖面的计算式为

$$I_u = I_{10}\left(\frac{z}{10}\right)^{-\alpha} \tag{1.2.4}$$

式中:α 为风剖面指数;I_{10} 为 10m 高度处的名义湍流度,对应 A、B、C、D 四类地貌分别取为 0.12、0.14、0.23 和 0.39。

1.2.2 湍流积分尺度

大气湍流是由一系列不同尺度的旋涡叠加而形成的复杂运动,气流中每个旋涡都可看做是在某一点引起了周期性脉动。设脉动频率为 n,平均风速为 U,定义旋涡波长为 $\lambda = U/n$,则旋涡的波数为 $K = 2\pi/\lambda$。旋涡波长即旋涡大小的度量。

湍流积分尺度是气流中平均旋涡尺寸的度量,对应于顺风向、横风向和竖向脉动速度分量 u,v,w 有关的旋涡尺寸在空间各有三个方向,因此一共有九个湍流积分尺度。如对应顺风向脉动速度 u 有关的湍流积分尺度为 L_u^x,L_u^y,L_u^z,分别表示旋涡在纵向、横向和竖向的平均尺寸度量。

湍流积分尺度的估算可采用泰勒"冻结"假说,估算结果主要取决于分析所使用的数据记录长度和记录平稳程度,不同的实验结果一般相差都非常大[3]。

也可以采用经验公式估算,文献[3]中给出了有关经验计算式及相关计算图表。

1.2.3　脉动风功率谱

湍流旋涡作周期性运动,湍流总能量即为气流中每个旋涡的脉动能量之和,湍流运动能量从大涡(低频)逐级传递到小涡(高频)。在大尺度涡范围内,气流惯性力起主导作用,在惯性力作用下能量从大涡传递到小涡,再由小涡传递到更小尺度的涡,到最小尺度涡范围内,空气黏性力起主导作用,湍流运动能逐渐被耗散成内能。这个过程称为能量级联[4]。

含有湍动能绝大部分能量的大尺度涡范围称为含能尺度,又称为惯性区。只有湍动能耗散的小尺度涡范围称为耗散尺度,又称为 Kolmogorov 尺度。而在远离含能尺度和耗散尺度的中间区域称为惯性子区。在惯性子区内,能量被认为是保持局部平衡。根据 Kolmogorov 假说,对于水平均匀的中性分层大气边界层流场,能量的产生与耗散近似为平衡状态,即处于惯性子区内,于是可导出纵向气流能谱的表达式为[3]

$$\frac{nS_u(z,n)}{u_*^2} = 0.26x^{-2/3} \qquad (1.2.5)$$

式中:n 为频率;$x = n \cdot z/U(z)$ 为无量纲频率或莫宁坐标。

在风工程应用中,已有很多脉动风功率谱经验表达式[2,3],其中应用较广的主要为与纵向相关的 Davenport 谱、Kaimal 谱、Karman 谱、Harris 谱等;与竖向相关的有 Panofsky 谱,与横向相关的脉动风谱应用相对较少。

Davenport 于 1967 年根据不同地点、不同高度测得的 90 多次强风记录平均结果,给出如下形式的脉动风功率谱经验表达式:

$$\frac{nS_u(z,n)}{u_*^2} = \frac{4x^2}{(1+x^2)^{4/3}} \qquad (1.2.6)$$

式中:$x = 1200n/U(10)$。根据式(1.2.2),上式又可写为

$$\frac{nS_u(z,n)}{\sigma_u^2} = \frac{2}{3}\frac{x^2}{(1+x^2)^{4/3}} \qquad (1.2.7)$$

Davenport 谱在建筑结构风振分析中应用较多,世界上不少国家的荷载规范,包括我国的荷载规范都采用了 Davenport 谱计算结构风荷载及响应。Davenport 谱是一种与高度无关的谱,为了改进其不足,Kaimal 于 1972 年提出了如下形式的风谱经验表达式:

$$\frac{nS_u(z,n)}{\sigma_u^2} = \frac{100}{3}\frac{x}{(1+50x)^{5/3}} \qquad (1.2.8)$$

式中:$x = n \cdot z/U(z)$。Kaimal 谱反映了高度对风谱的影响。

Karman 谱是冯·卡门于 1948 年基于湍流各向同性假设提出的风谱经验表达式,后来经 Harris 改进的表达式为

$$\frac{nS_u(z,n)}{\sigma_u^2} = \frac{4x}{(1+70.8x^2)^{5/6}} \qquad (1.2.9)$$

式中:$x = n \cdot L_u^x/U(z)$,L_u^x 为纵向湍流积分尺度,取 $L_u^x = 100\sqrt{z/30}$。

Karman 谱可应用于低频分量较重要的场合,如在固有振动周期较长的高耸柔性结构风振响应分析中。

Harris 于 1970 年提出的风谱经验表达式为

$$\frac{nS_u(z,n)}{\sigma_u^2} = \frac{2}{3}\frac{x}{(2+x^2)^{5/6}} \qquad (1.2.10)$$

式中:$x = 1800n/U(10)$。Harris 谱与 Davenport 谱一样也不反映功率谱随离地高度的变化,但是其改进后相对更符合大气物理规律。

Busch & Panofsky 于 1968 年提出与竖向脉动有关的风谱经验表达式为[2]

$$\frac{nS_w(z,n)}{\sigma_w^2} = \frac{2.15x}{1+11.16x^{5/3}} \qquad (1.2.11)$$

式中:$x = n \cdot z/U(z)$。Panofsky 谱主要用于大跨度桥梁、大跨屋盖等柔性结构的竖向风振响应分析中。

文献[3]给出如下的横风向脉动风功率谱:

$$\frac{nS_v(n)}{\sigma_v^2} = \frac{3.1x}{(1+9.5x)^{5/3}} \qquad (1.2.12)$$

式中:$x = n \cdot z/U(z)$。式(1.2.12)利用了关系式(1.2.2)。

竖向及横风向脉动风功率谱相对于顺风向谱,谱值相对较小,因此在高层建筑结构风振响应分析中一般应用较少。

1.2.4 互谱及相干函数

空间两点位置的脉动风速互谱可表示为

$$S_c(r,n) = \sqrt{S(p_1,n) \cdot S(p_2,n)} \cdot \mathrm{Coh}(r,n) \qquad (1.2.13)$$

式中:r 为 p_1 和 p_2 两点间的距离;$\mathrm{Coh}(r,n)$ 为相干函数(平方根)。

相干函数是频域表示的空间脉动风速相关性。Davenport 给出空间两点的相干函数经验表达式为[3]

$$\mathrm{Coh}(r,n) = \mathrm{e}^{-f} \qquad (1.2.14)$$

其中:

$$f = \frac{2n \cdot [\,C_z^2(z_1 - z_2)^2 + C_y^2(y_1 - y_2)^2\,]^{1/2}}{U(z_1) + U(z_2)} \tag{1.2.15}$$

式中的衰减系数在多数情况下可取为 $C_y = 16$ 和 $C_z = 10$。

式(1.2.15)中相干函数与频率有关,在实际应用中不方便。Shiotani 给出一种与频率无关的竖向和横风向经验相干函数如下[1]:

$$\mathrm{Coh}(r_z, n) = \exp\left(-\frac{|z_1 - z_2|}{60} \right) \tag{1.2.16}$$

$$\mathrm{Coh}(r_y, n) = \exp\left(-\frac{|y_1 - y_2|}{50} \right) \tag{1.2.17}$$

我国荷载规范中也采用了与频率无关的竖向及横风向相干函数经验式。

下面为脉动风功率谱算例程序,其中主函数 windPxy 包括两个子函数:计算相干函数 Cohx 和归一化风谱函数 WindSpec。

```
1   function wSp = windPxy(Pt,pij,nhz,WdPara,wptype)
2   %  归一化脉动风功率谱——自谱与互谱
3   %  空间点坐标 Pt
4   %  当前计算点号 pij
5   %  频率 nhz
6   %  风场参数 WdPara
7   %  风谱及相干函数类型 wptype
8   %
9   U = WdPara.Uz(pij);
10  U10 = WdPara.U10;
11  P2 = Pt(pij,:);
12  Sn1 = WindSpec(P2(1,3),U(1),U10, nhz, wptype );
13  Sn2 = WindSpec(P2(2,3),U(2),U10, nhz, wptype );
14  Csp = Cohx(P2, U, nhz, wptype );
15  wSp = Csp.* sqrt( Sn1.* Sn2 );
16  return
17  %
18  function Rs = Cohx(P2, U, nhz, wptype)
19  %  空间两点脉动相干函数(子函数)
20  %  空间两点坐标 P2
21  %  空间两点平均风速 U
22  %  频率 nhz
23  %  风谱类型(相干函数) wptype
```

```
24   %
25   ds = P2(1,:) - P2(2,:);
26   switch wptype. coh
27      %   脉动风模拟 - 风荷载
28         case {1, 'windfield'} %  Simiu & Scanlan
29            Cy = 16; Cz = 10;
30            xl = sqrt( (Cy* ds(2))^2 + (Cz* ds(3))^2 );
31            Rs = exp(-2 * nhz * xl /(U(1) +U(2)) );
32      %   荷载规范
33         case {2, 'windload'}
34            %   竖向相关性
35            Rs = exp(-abs(ds(3))/60);
36            %   横向相关性(解析式)   %参见式(2.2.20)
37            c = 50;
38            B1 = P2(1,2); B2 = P2(2,2);
39            if (B1* B2 = =0), return, end   %  不计横向相关
40            Ry = 2* c* B1 - c* c* (1 - exp(-B1/c) - ···
41                exp(-B2/c) + exp((B1 -B2)/c));
42            Rs = Rs * Ry/(B1* B2);
43         otherwise
44   end
45   return
46   %
47   function Sn = WindSpec(z, Uz, U10, n, wptype)
48   % 脉动风归一化谱(子函数)
49   % 高度 z
50   % 高度 z 处风速 Uz
51   % 10m 高风速 U10
52   % 频率 n
53   % 风谱类型 wptype
54   %
55   switch wptype. sp
56      case {1 , 'Davenport' }
57            x = 1200* n/U10;
58            Sn = 2/3* x. * x. /(n. * (1 +x. * x). ^(4/3));
59      case {2 , 'Kaimal' }
```

```
60        x = n* z/Uz;
61        Sn = 100/3* x. /(n. * (1 +50* x).^(5/3));
62    case { 3 , 'Karman' }
63        x = n* 100* sqrt(z/30)/Uz;
64        Sn = 4* x. /(n. * (1 +70.8* x. * x).^(5/6));
65    case { 4 , 'Harris' }
66        x = 1800* n/U10;
67        Sn = 2/3* x. /(n. * (2 +x. * x).^(5/6));
68    case { 5 , 'Panofsky' } %  竖向谱
69        x = n* z/Uz;
70        Sn = 2.15* x. /(n. * (1 +11.16* x.^(5/3)));
71    case { 6 , 'across' }      %  横风向谱
72        x = n * z/Uz;
73        Sn = 3.1 * x. /(n. * (1 + 9.5* x).^(5/3));
74    otherwise
75  end
76  return
```

1.2.5　风谱算例

设风场参数为气动粗糙长度 $z_0 = 0.08\mathrm{m}$,10m 高度参考风速 $U(10) = 30\mathrm{m/s}$。计算风谱位置为空间不同高度的两点:$z_1 = 100\mathrm{m}$ 和 $z_2 = 120\mathrm{m}$。利用以上程序,图 1.2 为计算的归一化风速谱结果,其中自功率谱曲线在 z_1 高度处,交叉谱相干函数按式(1.2.14)和式(1.2.15)计算。

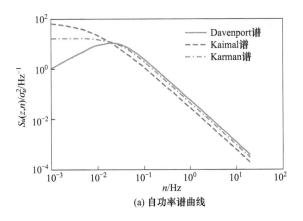

(a) 自功率谱曲线

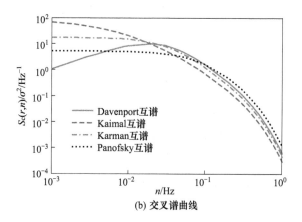

(b) 交叉谱曲线

图 1.2　归一化脉动风功率谱

1.3　脉动风场模拟

在结构风振时域分析时,需要根据给定的风场参数对自然脉动风进行数值模拟,以计算结构离散节点上的风荷载分布时间历程。自然风的脉动可近似为平稳各态历经的正态随机过程,在数值模拟时,可把大气边界层风场近似处理为时间和空间多变量一维随机过程。

风场模拟的方法有很多,基本可以分为两类:线性滤波法和谐波合成法,其中应用最多的分别为 AR 线性滤波法[5-7]和 Shinozuka 的谐波合成法[8-10]。

1.3.1　线性滤波法

根据 AR 模型,空间 m 点的脉动风速时程向量 $V(t)$ 可表示为

$$V(t) = \sum_{k=1}^{p} \boldsymbol{\psi}_k \cdot V(t - k\Delta t) + N(t) \qquad (1.3.1)$$

式中:$V(t) = [u_1(t), u_2(t), \cdots, u_m(t)]^{\mathrm{T}}$,其分量为 m 个空间点的脉动风速;$\boldsymbol{\psi}_k$ 为 AR 模型回归系数矩阵,为 $m \times m$ 阶矩阵;p 为 AR 模型阶数;Δt 为模拟时间步长;$N(t)$ 为独立随机过程向量,可用下式计算:

$$N(t) = L \cdot n(t) \qquad (1.3.2)$$

式中:L 为 m 阶下三角矩阵;$n(t) = [n_1(t), n_2(t), \cdots, n_m(t)]^{\mathrm{T}}$ 为 m 个均值为 0、方差为 1 且彼此相互独立的正态随机过程。

把式(1.3.1)两边同时右乘 $V(t - j\Delta t)^{\mathrm{T}}$,并取数学期望得

$$E[V(t) \cdot V(t - j\Delta t)^{\mathrm{T}}] = \sum_{k=1}^{p} \boldsymbol{\psi}_k E[V(t - k\Delta t) \cdot V(t - j\Delta t)^{\mathrm{T}}] +$$

$$E[\boldsymbol{N}(t) \cdot \boldsymbol{V}(t - j\Delta t)^{\mathrm{T}}] \tag{1.3.3}$$

可得到如下两个方程组：

$$\boldsymbol{R}(0) = \sum_{k=1}^{p} \boldsymbol{\psi}_k \boldsymbol{R}(k\Delta t) + \boldsymbol{R}_N \tag{1.3.4}$$

$$\boldsymbol{R}(j\Delta t) = \sum_{k=1}^{p} \boldsymbol{\psi}_k \boldsymbol{R}((j-k)\Delta t) \quad (j = 1,2,\cdots,p) \tag{1.3.5}$$

为了确定 $\boldsymbol{R}_N$，对式(1.3.1)右乘 $\boldsymbol{N}(t)^{\mathrm{T}}$ 并取数学期望，得

$$\boldsymbol{R}_N = \boldsymbol{L} \cdot \boldsymbol{L}^{\mathrm{T}} \tag{1.3.6}$$

$\boldsymbol{R}(j\Delta t)$ 为 $m \times m$ 阶的空间脉动风速互相关函数矩阵如下：

$$\boldsymbol{R}(j\Delta t) = \begin{bmatrix} R_{11}(j\Delta t) & R_{12}(j\Delta t) & \cdots & R_{1m}(j\Delta t) \\ R_{21}(j\Delta t) & R_{22}(j\Delta t) & \cdots & R_{2m}(j\Delta t) \\ \vdots & \vdots & \ddots & \vdots \\ R_{m1}(j\Delta t) & R_{m2}(j\Delta t) & \cdots & R_{mm}(j\Delta t) \end{bmatrix} \tag{1.3.7}$$

$$R_{ij}(\tau) = \int_0^\infty S_{ij}(n)\cos(2\pi n \cdot \tau)\mathrm{d}n \tag{1.3.8}$$

式中：$R_{ij}(\tau)$ 为空间脉动速度 $u_i(t)$ 与 $u_j(t)$ 的互相关函数；$S_{ij}(n)$ 为脉动风速互谱；n 为频率。由于实际计算中 $S_{ij}(n)$ 均为实函数，$S_{ij}(n) = S_{ji}(n)$，因此 $\boldsymbol{R}(j\Delta t)$ 为实对称矩阵，且 $\boldsymbol{R}(j\Delta t) = \boldsymbol{R}(-j\Delta t)$。

把式(1.3.5)组合成如下的矩阵形式：

$$\boldsymbol{A} = \boldsymbol{B} \cdot \boldsymbol{\Psi} \tag{1.3.9}$$

其中：$\boldsymbol{A} = [R(\Delta t), R(2\Delta t), \cdots, R(p\Delta t)]^{\mathrm{T}}$；$\boldsymbol{\Psi} = [\boldsymbol{\psi}_1, \boldsymbol{\psi}_2, \cdots, \boldsymbol{\psi}_p]^{\mathrm{T}}$；$\boldsymbol{B}$ 为 $pm \times pm$ 阶的矩阵，写为

$$\boldsymbol{B} = \begin{bmatrix} R(0) & R(\Delta t) & \cdots & R((p-1)\Delta t) \\ R(\Delta t) & R(0) & \cdots & R((p-2)\Delta t) \\ \vdots & \vdots & \ddots & \vdots \\ R((p-1)\Delta t) & R((p-2)\Delta t) & \cdots & R(0) \end{bmatrix} \tag{1.3.10}$$

求解式(1.3.9)即得到 AR 模型的回归系数矩阵 $\boldsymbol{\psi}_k$，再利用式(1.3.4)可解出 $\boldsymbol{R}_N$，并对 $\boldsymbol{R}_N$ 进行 Cholesky 分解得到下三角矩阵 $\boldsymbol{L}$。

利用计算机生成高斯随机序列 $n(t)$，即可根据式(1.3.1)迭代得到随机脉动风速场 $V(t)$，在初始迭代时可设 $V(0) = 0$。模拟实际风速场时把 $V(t)$ 再加上当地的平均风速即可。

AR 线性滤波法模拟脉动风速场程序如下：

```
1   function u = simWind_AR(p,Pt,WdPara,FreqPara,wptype)
2   % AR 线性滤波法模拟脉动风速场
3   % AR 模型阶数 p
4   % 空间位置点坐标 Pt
5   % 模拟风场参数 WdPara
6   % 频域参数 FreqPara
7   % 风谱类型 wptype
8   %
9   % 时频参数
10  Fs = FreqPara. Fs;
11  T = FreqPara. T;
12  N = Fs * T; N2 = fix(N/2);
13  dt = 1/Fs;
14  dn = Fs/N;
15  nhz = (1:N2)' * dn;
16  % 模拟的空间点数
17  m = size(Pt,1);
18  % 空间脉动风谱矩阵(元胞数组)
19  for k = 1: m
20  for i = 1: k
21    Sp{k,i} = windPxy(Pt,[k,i],nhz,WdPara,wptype);
22  end
23  end
24  % 相关系数矩阵,式(1.3.8)
25  for j = 0: p
26      cst = cos(2* pi* nhz* j* dt);
27      for k = 1: m
28      for i = 1: k
29          Ru(k,i) = sum(Sp{k,i}. * cst)* dn;
30          Ru(i,k) = Ru(k,i);
31      end
32      end
33      Rum{j +1} = Ru;
34  end
35  % 整体矩阵 A 和 B 构造,式(1.3.9),(1.3.10)
```

```
36  for i = 1: p
37      RA((i -1)* m +1:i* m,1:m) = Rum{i +1};
38      j = 0;
39      for k = i: -1: 2
40          j = j + 1;
41          RB((i -1)* m +1:i* m, (j -1)* m +1:j* m) = Rum{k};
42      end
43      for k = 1:p - i+1;
44          j = j + 1;
45          RB((i -1)* m +1:i* m, (j -1)* m +1:j* m ) = Rum{k};
46      end
47  end
48  %   AR 模型系数
49  Fai = RB \RA;
50  % Cholesky 分解,式(1.3.6)
51  RN = Rum{1};
52  for i = 1: p
53      RN = RN - Rum{i +1}*  Fai((i -1)* m +1:i* m,1:m);
54  end
55  sigN = chol(RN);
56  %   回归迭代,式(1.3.1)
57  Nt = normrnd(0,1,[N +1,m]);
58  u = zeros(N +1,m);
59  u(1,:) = Nt(1,:);
60  for k = 2: N +1
61      sup = min(k -1,p);
62      tmp = 0;
63      for j = 1: sup
64          tmp = tmp + u(k -j,:)* Fai((j -1)* m +1:j* m,1:m);
65      end
66      u(k,:) = tmp + Nt(k,:)*  sigN;
67  end
68  u(1,:) = [];
69  return
```

1.3.2　谐波合成法

根据 Shinozuka 和 Deodatis 的研究,一个零均值多变量一维平稳随机过程可

以用式(1.3.11)进行模拟:

$$f_j(t) = 2\sqrt{\Delta n} \cdot \sum_{k=1}^{j} \sum_{l=1}^{M} |H_{jk}(\omega_{kl})| \cos(\omega_{kl}t - \theta_{jk}(\omega_{kl}) + \varphi_{kl})$$

$$(j = 1, 2, \cdots, m) \tag{1.3.11}$$

式中:m 为模拟的空间点数;φ_{kl} 为均匀分布于 $[0, 2\pi)$ 区间的随机相位;$\Delta n = f_s/N$,f_s 为截止频率,N 为要模拟的数据长度,满足 $N \geqslant 2M$,M 为离散频率点数;ω_{kl} 为双索引圆频率,$\Delta\omega = 2\pi \cdot \Delta n$,其定义为

$$\omega_{kl} = (l-1) \cdot \Delta\omega + \frac{k}{m} \cdot \Delta\omega \quad (l = 1, 2, \cdots, M) \tag{1.3.12}$$

$H_{jk}(\omega_{kl})$ 为 m 点空间脉动风互谱矩阵 $\boldsymbol{S}(\omega_l)$ 的 Cholesky 分解矩阵:

$$\boldsymbol{S}(\omega_l) = \boldsymbol{H}(\omega_l)\boldsymbol{H}^*(\omega_l)^{\mathrm{T}} \tag{1.3.13}$$

$$\boldsymbol{S}(\omega_l) = \begin{bmatrix} S_{11}(\omega_l) & S_{12}(\omega_l) & \cdots & S_{1m}(\omega_l) \\ S_{21}(\omega_l) & S_{22}(\omega_l) & \cdots & S_{2m}(\omega_l) \\ \vdots & \vdots & \ddots & \vdots \\ S_{m1}(\omega_l) & S_{m2}(\omega_l) & \cdots & S_{mm}(\omega_l) \end{bmatrix} \tag{1.3.14}$$

θ_{jk} 为 $H_{jk}(\omega_{kl})$ 的相位,即

$$\theta_{jk}(\omega_{kl}) = \arctan\left(\frac{\mathrm{Im}(H_{jk}(\omega_{kl}))}{\mathrm{Re}(H_{jk}(\omega_{kl}))}\right) \tag{1.3.15}$$

为了便于应用快速傅里叶变换(FFT),把式(1.3.11)改用复指数形式表示:

$$f_j(t) = 2\sqrt{\Delta n} \cdot \mathrm{Re}\left(\sum_{k=1}^{j} \sum_{l=0}^{M-1} H_{jk}(l\Delta\omega) \cdot \exp\left(il\Delta\omega t + i\frac{k}{m}\Delta\omega t + i\varphi_{kl}\right)\right)$$

$$\tag{1.3.16}$$

令

$$B_{jk}(l\Delta\omega) = H_{jk}(l\Delta\omega) \cdot \exp(i\varphi_{kl}) \quad (l = 0, 1, 2, \cdots, M-1) \tag{1.3.17}$$

则式(1.3.16)可写为

$$f_j(q\Delta t) = 2\sqrt{\Delta n} \cdot \mathrm{Re}\left(\sum_{k=1}^{j} G_{jk}(q\Delta t) \cdot \exp\left(i\frac{k}{m}\Delta\omega q\Delta t\right)\right) \tag{1.3.18}$$

式中:$\Delta t = 1/f_s$;$G_{jk}(q\Delta t)$ 为

$$G_{jk}(q\Delta t) = \sum_{l=0}^{M-1} B_{jk}(l\Delta\omega) \cdot \exp(il\Delta\omega q\Delta t) \quad (q = 0, 1, 2, \cdots, N-1)$$

$$\tag{1.3.19}$$

式(1.3.19)可通过 N 点 FFT 快速计算,再根据以上计算结果,利用式(1.3.18)即可得到空间 m 点的随机脉动风速场,求实际风速场时再加上当地平均风速即可。

谐波合成法模拟脉动风速场的程序如下:

```
1    function u = simWind_Spec(Pt,WdPara,FreqPara,wptype)
2    % Shinozuka 谐波合成法模拟脉动风速
3    % 空间位置点坐标 Pt
4    % 模拟风场参数 WdPara
5    % 频域参数 FreqPara
6    % 风谱类型 wptype
7    %
8    %    时频参数
9    Fs = FreqPara.Fs;
10   T = FreqPara.T;
11   N = Fs * T;    N2 = fix(N/2);
12   dt = 1/Fs;
13   dn = Fs/N;
14   nhz = (1:N2)' * dn;
15   t = (0:N-1)' * dt;
16   %    模拟空间点数
17   m = size(Pt,1);
18   %    空间脉动风速自谱和互谱矩阵,式(1.3.14)
19   for k = 1:m
20   for i = 1:k
21      Sp{k,i} = windPxy(Pt,[k,i],nhz,WdPara,wptype);
22   end
23   end
24   %    Cholesky 分解矩阵 H(n),式(1.3.13)
25   for j = 1 : N2
26      for k = 1:m
27      for i = 1:k
28         Sw(k,i) = Sp{k,i}(j);
29         Sw(i,k) = conj(Sw(k,i));
30      end
31      end
32      Hc = chol(Sw);    % 上三角
```

```
33    for k = 1: m
34    for i = 1: k
35        H{k,i}(j) = Hc(i,k);
36    end
37    end
38  end
39  %  式(1.3.19)计算
40  ph = random('Uniform',0,2* pi,[N2,m]);
41  B = zeros(N2 +1,1);
42  for k = 1: m
43  for j = 1: k
44    B(2:N2 +1) = H{k,j}'.* exp(1i* ph(:,j))* N;
45    G{k,j} = ifft(B, N);
46  end
47  end
48  %  式(1.3.18)计算
49  ut = zeros(N,m);
50  for j = 1 : m
51  for k = 1 : j
52    ext = exp(2i* pi* dn * k/m* t);
53    ut(:,j) = ut(:,j) +sqrt(2* dn)* (G{j,k}.* ext);
54  end
55  end
56  u = real(ut);
57  return
```

1.3.3 风场模拟算例

设风场参数为气动粗糙长度 $z_0 = 0.08\mathrm{m}$；10m 高度参考风速为 $U(10) = 30\mathrm{m/s}$。计算风场位置为空间不同高度的四点：$z_1 = 5\mathrm{m}, z_2 = 20\mathrm{m}, z_3 = 50\mathrm{m}, z_4 = 100\mathrm{m}$。以下给出应用风场模拟程序的计算示例：

```
1  % exam_simWind_1_1.m
2  % 模拟空间点位置坐标(x,y,z)
3  Pt = [0 0 5; 0 0 20; 0 0 50; 0 0 100]; % 空间四点
4  FreqPara.T = 500;     % 采样时长
5  FreqPara.Fs = 20;     % 采样频率
6  WdPara.z0 = 0.08;     % 粗糙长度
```

```
7   WdPara. zr = 10;          %  参考高度
8   WdPara. ur = 30;          %  参考风速
9   WdPara. z = Pt(:,3);
10  %   各点平均风速按对数律
11  %   计算 WdPara. us, WdPara. Uz, WdPara. U10
12  WdPara = pow_log(WdPara);
13  N = FreqPara. Fs * FreqPara. T;
14  Nfft = min(N,3000);
15  win = hanning(Nfft);   %  汉宁窗
16  wptype. sp = 2 ;   %  风谱类型
17  wptype. coh = 1;   %  相干函数
18  p = 5;             %  AR模型阶数
19  u = simWind_AR(p,Pt,WdPara,FreqPara,wptype);
20  %  u = simWind_Spec(Pt,WdPara,FreqPara,wptype);
21  %  show
22  figure(1), hold on,
23  mk = {'r-','b-.','m--','k:'};
24  for k = 1:2
25      [Pxx,n] = pwelch(u(:,k),win,[],[],FreqPara. Fs);
26      n(1) = []; Pxx(1) = [];
27      Sn = windPxy(Pt,[k,k],n,WdPara, wptype);
28      plot(n,Sn,mk{k}, n,Pxx,mk{k+2});
29  end
30  set(gca,'xscale','log','yscale','log')
31  %   第2,3点交叉谱:
32  [Pxy,n] = cpsd(u(:,2),u(:,3),win,[],[],FreqPara. Fs);
33  n(1) = [];   Pxy = abs(Pxy(2:end));
34  CSn = windPxy(Pt,[2,3], n, WdPara, wptype);
35  figure(2),
36  plot(n,CSn,'r-', n,Pxy, 'b--');
37  set(gca,'xscale','log','yscale','log')
```

图 1.3 给出了 AR 线性滤波法模拟的脉动风速时程曲线。由于计算采用了空间归一化脉动风速谱,所以模拟结果为归一化的无量纲脉动风速,即不包含与位置相关的脉动方差变化量。图 1.4 给出了 AR 线性滤波法模拟的脉动风速谱与目标谱对比。由图可见,模拟的风速自谱与目标谱符合较好;互谱在低频段时

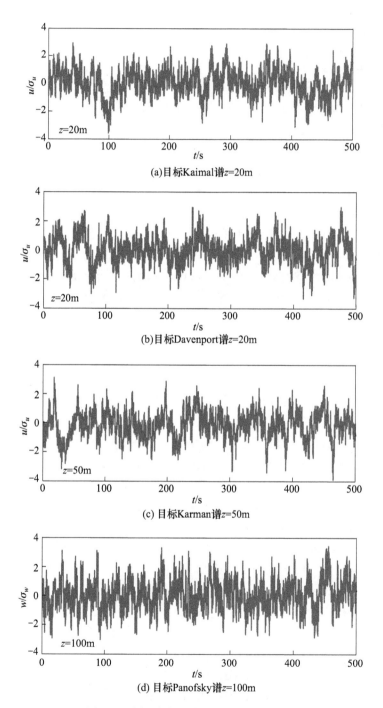

(a)目标Kaimal谱z=20m

(b)目标Davenport谱z=20m

(c) 目标Karman谱z=50m

(d) 目标Panofsky谱z=100m

图 1.3　线性滤波法模拟的脉动风速时程

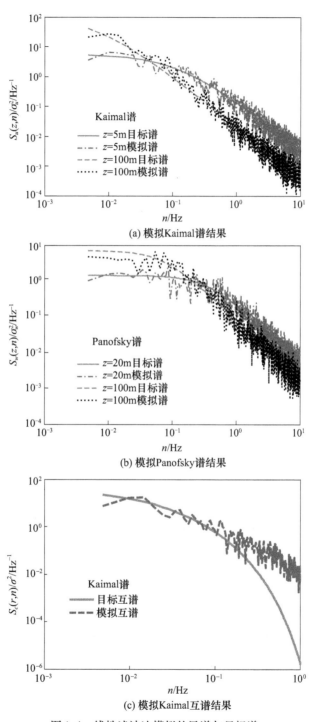

(a) 模拟Kaimal谱结果

(b) 模拟Panofsky谱结果

(c) 模拟Kaimal互谱结果

图1.4 线性滤波法模拟的风谱与目标谱

也符合较好,只在高频段时($n > 0.2\text{Hz}$)模拟谱幅值比目标谱随频率增大下降略缓。

图 1.5 给出了采用谐波合成法模拟的脉动风速时间历程,图 1.6 为采用谐波合成法模拟的脉动风速自谱与目标谱的对比。由图可见,模拟风速谱与目标谱吻合较好,并且可看出在高频段与目标谱误差相对 AR 线性滤波法的误差要更小,可见采用谐波合成法的模拟精度要略好于 AR 线性滤波法。

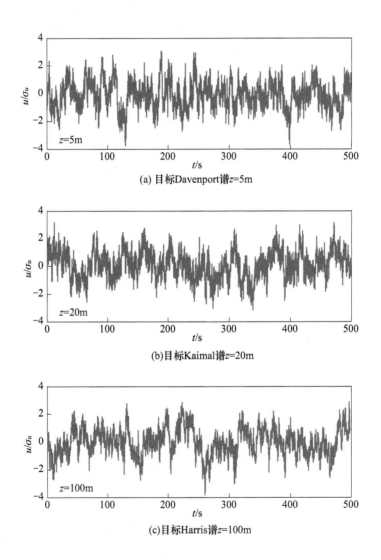

(a) 目标Davenport谱z=5m

(b)目标Kaimal谱z=20m

(c)目标Harris谱z=100m

图 1.5　谐波合成法模拟的脉动风速时程

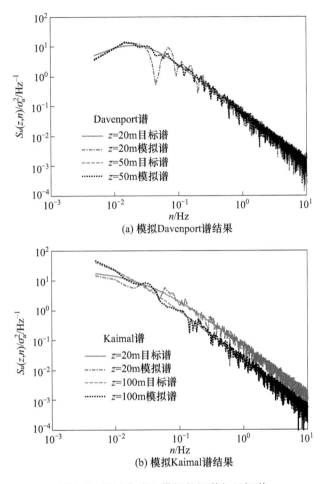

(a) 模拟Davenport谱结果

(b) 模拟Kaimal谱结果

图1.6 谐波合成法模拟的风谱与目标谱

1.4 最大风速统计

结构风荷载安全设计首先需要确定设计风速。设计风速是根据当地长期气象记录资料,按规定重现期所预测的最大风速。我国荷载规范中给出一定重现期内各地的基本风压,可作为结构风荷载设计取值。但为了更准确获得结构的设计风速,需要根据当地长期气象资料通过数理统计方法进行估计。

极值风速统计方法发展较晚,最早是采用高斯分布,但实测资料表明极值风速并不符合高斯分布,并且从物理意义上来说,也不可能出现高斯分布中的负风速情况,因此不符合实际规律[11]。Fisher 和 Tippett 建立了早期渐近极值分布理论和极值分布类型,即极值 I 型(Gumble 分布)、极值 II 型(Frechet 分布)和极值

Ⅲ型(Weibull 分布)分布。后来 Jenkinson 把三种极值分布写成统一的形式,称为广义极值分布[2]。在实际应用中极值Ⅰ型使用较广,实测资料也大多符合极值Ⅰ型分布。我国荷载规范中关于极值风压、雪压的估计也采用该分布类型。

除了最大风速,目前风工程研究中大多不考虑风向的影响,实际风向对建筑结构的安全设计也是不容忽视的[3]。自然风速在各个风向上出现最大风速的概率是不一样的,风速大小也不一样,并且结构在不同方向上的动力特性也有很大差异。有研究表明,不考虑风向的结构风荷载作用估计值有可能严重偏离真实情况[12,13]。因此考虑风向的极值风速估计已越来越受到关注,并且不少研究者提出了许多实用分析方法[14-17]。

1.4.1 全风向最大风速

设最大风速统计符合极值Ⅰ型分布(Gumble 分布),其分布函数为

$$F_I(x) = \exp\left(-\exp\left(-\frac{(x-\mu)}{a}\right)\right) \tag{1.4.1}$$

式中:μ 为位置参数;a 为尺度参数。

根据最大风速记录样本对式(1.4.1)中的参数进行估计,常用的方法有矩估计法、最大似然法、线性估计法等。对于极值Ⅰ型分布采用矩估计法较为简便,Gumble 较早采用了这种方法。

分别求极值Ⅰ型分布的期望值和方差为

$$Ex = \int_{-\infty}^{\infty} xf(x)\mathrm{d}x = \int_{-\infty}^{\infty} x\mathrm{d}F_I(x) = C \cdot a + \mu \tag{1.4.2}$$

$$\sigma^2 = \int_{-\infty}^{\infty} (x - Ex)^2 \mathrm{d}F_I(x) = \frac{\pi^2}{6} \cdot a^2 \tag{1.4.3}$$

式中:E 为取数学期望;$f(x)$ 为概率密度函数;$C = 0.57722$ 为欧拉常数。

由式(1.4.2)及式(1.4.3)可得

$$a = \frac{\sqrt{6}}{\pi}\sigma \tag{1.4.4}$$

$$\mu = Ex - C \cdot a = Ex - C\frac{\sqrt{6}}{\pi}\sigma \tag{1.4.5}$$

对于实际风速样本资料,近似以样本的平均值和方差代替上式中分布的期望和方差,即可得到分布的参数估计,于是极值Ⅰ型分布就确定了。

若利用极值Ⅰ型分布求解 N 年重现期的最大风速,即求在给定保证率 $\left(1 - \frac{1}{N}\right)$ 下的最大风速:

$$F_I(U) = 1 - \frac{1}{N} = \exp\left(-\exp\left(-\frac{(U-\mu)}{a}\right)\right) \qquad (1.4.6)$$

$$U = \mu - a \cdot \log\left(-\log\left(1 - \frac{1}{N}\right)\right) \qquad (1.4.7)$$

U 即为 N 年重现期的最大风速估计值。

全风向最大风速估计的计算程序:

```
1   function [exv, mue, sgm] = ExtrmV(mxdat, R)
2   % 全风向最大风速估计—极值 I 型分布(Gumbel)
3   % 最大风速样本 mxdat
4   % 重现期 R
5   %
6   mnv = mean(mxdat);
7   stv = std(mxdat);
8   %    参数矩估计
9   sgm = stv * sqrt(6)/pi;     % 式(1.4.4)
10  mue = mnv + psi(1) * sgm;   % 式(1.4.5)
11  %    R 重现期风速
12  F1 = 1. -1./R;
13  exv = mue - log(-log(F1))* sgm;   % 式(1.4.6)
14  return
```

1.4.2　考虑风向的最大风速

本节主要参考文献[17]中的方法,其中包括 Cook 方法和对 Cook 方法的改进,其主要原理是将考虑风向的多元极值概率分布问题转化为一元极值分布问题,然后通过迭代求解方程组。

假设考虑风向的极值风速概率分布函数已经得到,则计算 n 个风向下 R 重现期的极值风速为

$$F_V(v_{d1}, v_{d2}, \cdots, v_{dn}) = \Pr(V_{d1} < v_{d1}, V_{d2} < v_{d2}, \cdots, V_{dn} < v_{dn}) = 1 - \frac{1}{R}$$

$$(1.4.8)$$

式中:V_{di} 为随机变量,代表第 i 风向的极值风速;v_{di} 为第 i 风向的极值风速取值。

式(1.4.8)是 n 个变量的多元函数,为了求解需要加入约束条件,即各个风向上的最大风速分布超越概率相等:

$$F_{Vdi}(v_{di}) = \Pr(V_{di} < v_{di}) = 1 - p^* \qquad (i = 1, 2, \cdots, n) \qquad (1.4.9)$$

式中:p^* 为各风向上的共同超越概率。

式(1.4.8)及式(1.4.9)共有$(n+1)$个方程组成方程组,有$(n+1)$个变量,理论上可以求解。对于各个风向上的最大风速分布,可以通过长期观测数据统计得到,但对于联合概率分布函数 F_V 却很难直接给出。

现考虑全风向上的极值风速分布 F_{Vd},可以方便统计得到:

$$F_{Vd}(v_d) = \Pr\{\max(V_{d1}, V_{d2}, \cdots, V_{dn}) < v_d\}$$

$$= F_V(v_d, v_d, \cdots, v_d) = 1 - \frac{1}{R} \tag{1.4.10}$$

式中:v_d 为全风向上的极值风速。

设:

$$U_{di} = \frac{V_{di}}{k_i} \quad (i = 1, 2, \cdots, n) \tag{1.4.11}$$

其中

$$k_i = \frac{v_{di}}{v_d} \quad (i = 1, 2, \cdots, n) \tag{1.4.12}$$

则可把风速风向联合概率分布函数式(1.4.8)变形为

$$F_V(v_{d1}, v_{d2}, \cdots, v_{dn}) = \Pr(V_{d1} < v_{d1}, V_{d2} < v_{d2}, \cdots, V_{dn} < v_{dn})$$

$$= \Pr(V_{d1} < k_1 v_d, V_{d2} < k_2 v_d, \cdots, V_{dn} < k_n v_d)$$

$$= \Pr(U_{d1} < v_d, U_{d2} < v_d, \cdots, U_{dn} < v_d)$$

$$= F_U(v_d, v_d, \cdots, v_d)$$

$$= \Pr\{\max(U_{d1}, U_{d2}, \cdots, U_{dn}) < v_d\}$$

$$= F_{Ud}(v_d) \tag{1.4.13}$$

式中:F_U 为新随机变量 U_{di} 的联合概率分布函数;F_{Ud} 为 n 个新随机变量的最大值分布函数。

设备风向上、全风向以及新随机变量的最大值分布均为已知(通过统计方法得到),如极值 I 型分布,则可以通过调试 p^* 的方法来求解式(1.4.13)。p^* 的取值范围可确定如下:若各风向上的极值分布完全相关,则有$(1 - p^*) = \left(1 - \frac{1}{R}\right)$;若各风向的极值分布完全相互独立,则有$(1 - p^*) = \left(1 - \frac{1}{R}\right)^{-n} \approx \left(1 - \frac{1}{nR}\right)$。具体迭代求解过程可参考相关文献[17]。

下面为 Cook 方法及其改进方法的最大风速估计计算程序:

```
1    function vdi = ExtrmVD(xdat, R )
```

```
2   % 考虑风向的最大风速估计 - Cook 法
3   % 不同风向最大风速样本 xdat
4   % 重现期 R
5   %
6   %    全风向极值分布
7   xdx = max(xdat,[],2);
8   vd0 = ExtrmV(xdx, R);
9   %    各风向极值分布
10  vdi = ExtrmV(xdat, R);
11  ki = vd0./vdi;
12  Ud = xdat * diag(ki);
13  Udx = max(Ud,[],2);
14  vds  = ExtrmV(Udx, R);
15  k = vds/vd0;
16  vdi = vdi* k;
17  return
```

```
1   function vdi = ExtrmVDr(xdat,R)
2   % 考虑风向的最大风速估计 - 改进的 Cook 法
3   % 不同风向最大风速样本 xdat
4   % 重现期 R
5   %
6   nc = size(xdat,2);
7   F1 = 1 -1/R;
8   %    全风向极值分布
9   xdx = max(xdat,[],2);
10  [vd, mu0, sg0] = ExtrmV(xdx, R);
11  %    各风向极值分布
12  [vdi, mui, sgi] = ExtrmV(xdat, R);
13  %    迭代调试
14  pup = 1. -1./(R* nc);   % 上界
15  pdn = F1;  % 下界
16  ers = 1.;
17  while ers >1.e -3
18      ps = (pup + pdn)/2;
19      %    各风向最大风速
```

```
20    vdi = mui - sgi * log(-log(ps));
21    %  构造 U 样本,拟合其分布
22    ki = vd./vdi;
23    nxdat = xdat * diag(ki);
24    xdx = max(nxdat,[],2);
25    [udn, mun, sgn] = ExtrmV(xdx, R);
26    %  vd 的保证率
27    Fud = exp(-exp(-(vd - mun)/sgn));
28    ers = abs(Fud - F1);
29    if(Fud < F1), pdn = ps;
30    else pup = ps;
31    end
32  end
33  return
```

1.4.3 最大风速统计算例

表 1.1 为北京地区 1951—1970 年间的年最大风速记录样本(10m 高度 10min 平均风速)[11],应用以上全风向最大风速估算程序,计算该地区 30 年重现期的最大风速为 24.66m/s,按 50 年重现期计算的最大风速为 25.7m/s,按 100 年重现期计算的最大风速为 27.1m/s。

表 1.1 某地年最大风速/(m/s)

年份	1951	1952	1953	1954	1955	1956	1957	1958	1959	1960
最大风速	22.9	17.1	19.7	23.8	23	18	16.7	16.3	20.3	20
年份	1961	1962	1963	1964	1965	1966	1967	1968	1969	1970
最大风速	17.3	15	21.3	15.5	19.3	19.6	16.2	18.6	21.5	18

表 1.2 为某地区 1958—1977 年间记录的 8 个风向上年最大风速样本(开阔地形 10m 高度)[3],现利用以上考虑风向的最大风速估算程序,计算出 50 年重现期内全风向及各风向上的最大风速。图 1.7 显示了分别采用 Cook 方法及改进方法的计算结果。

表 1.2 某地各风向上年最大风速/(m/s)

年份	N	NE	E	SE	S	SW	W	NW
1958	12.5	8.9	10.3	22.4	10.3	22.4	22.8	31.3
1959	18.3	11.2	8.5	13.0	11.2	17.9	17.0	26.8
1960	16.1	9.4	7.2	15.2	11.6	19.2	20.1	26.8
1961	11.2	8.0	13.4	16.1	12.1	21.0	17.0	26.8

（续）

年份	N	NE	E	SE	S	SW	W	NW
1962	9.8	10.3	9.8	16.1	7.2	21.0	23.2	26.8
1963	13.9	6.3	10.3	14.8	16.1	28.2	21.5	25.5
1964	9.8	6.7	8.0	15.2	8.5	24.1	24.1	26.8
1965	14.8	13.9	8.9	14.8	7.6	29.5	19.2	24.6
1966	16.1	9.4	8.5	15.2	6.3	22.8	17.4	27.3
1967	19.7	6.3	7.2	17.9	16.1	22.8	18.3	27.7
1968	16.1	8.5	8.5	15.6	9.4	17.4	17.9	21.0
1969	12.5	7.2	6.7	16.1	9.8	23.7	15.2	29.5
1970	12.5	5.8	8.9	15.6	16.5	27.3	16.5	23.7
1971	14.8	6.7	9.8	13.9	9.8	21.9	13.9	21.0
1972	10.3	8.5	11.6	16.1	16.5	24.6	19.7	21.0
1973	12.5	10.3	8.5	14.3	6.7	20.6	17.4	28.6
1974	10.7	12.5	8.5	16.5	11.2	25.5	21.9	25.0
1975	9.8	9.8	8.5	12.1	12.5	17.4	14.8	22.8
1976	13.9	10.7	12.5	14.8	17.0	21.0	14.8	21.0
1977	19.7	8.9	8.5	17.9	16.1	15.2	19.7	25.0

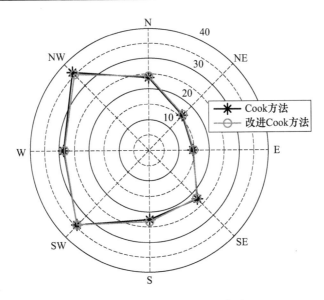

图 1.7　各风向上极值风速估计

结果表明,按全风向计算 50 年重现期的最大风速为 33.6m/s;考虑风向时,最大风速在西北(NW)方向,按 Cook 方法计算的最大风速为 36m/s,按改进方法计算的最大风速为 35.3m/s,二者差别并不很大,但均明显比全风向最大风速估算结果要大。

参 考 文 献

[1] 中华人民共和国住房和城乡建设部.建筑结构荷载规范(GB50009 – 2012)[S].北京:中国建筑工业出版社,2012.

[2] Holmes John D. Wind loading of structures [M]. London:Taylor & Francis, 2007.

[3] Emil Simiu, Robert H Scanlan. Wind effects on structures:fundamentals and applications to design [M]. New York:John Wiley & Sons, Inc. , 1996.

[4] 张兆顺,崔桂香,许春晓.湍流大涡数值模拟的理论与应用[M].北京:清华大学出版社,2008.

[5] 舒新玲,周岱.风速时程 AR 模型及其快速实现[J].空间结构,2003,9(4):27 – 32.

[6] 丁泉顺.大跨桥梁耦合颤抖振响应分析[M].上海:同济大学出版社,2007.

[7] 程华,钟华生,周凌,等.脉动风速时程数值模拟[J].兵器装备工程学报,2016,37(4):143 – 148.

[8] 项海帆.现代桥梁抗风理论与实践[M].北京:人民交通出版社,2005.

[9] Mann J. Wind field simulation [J]. Probabilistic Engineering Mechanics, 1998, 13(4):269 – 282.

[10] Strømmen E. Theory of Bridge Aerodynamics [M]. Springer Berlin Heidelberg, 2006.

[11] 张相庭.结构风压与风振计算[M].上海:同济大学出版社,1985.

[12] Goyal P K, Datta T K. Effect of Wind Directionality on the Vulnerability of Rural Houses due to Cyclonic Wind[J]. Natural Hazards Review, 2013, 14(4):258 – 267.

[13] 王钦华,石碧青,张乐乐.风向对某超高层建筑等效静风荷载的影响[J].汕头大学学报(自然科学版),2012,27(02):48 – 53.

[14] 楼文娟,段志勇,庄庆华.极值风速风向的联合概率密度函数[J].浙江大学学报(工学版),2017,51(6):1057 – 1063.

[15] Cook N J. Towards better estimation of extreme winds[J]. Journal of Wind Engineering & Industrial Aerodynamics, 1982, 9(3):295 – 323.

[16] Cook N J. Note on directional and seasonal assessment of extreme winds for design[J]. Journal of Wind Engineering & Industrial Aerodynamics, 1983, 12(3):365 – 372.

[17] 全涌,刘磊,顾明.考虑风向的极值风速估计的 Cook 方法改进[J].同济大学学报(自然科学版),2015,43(2):0189 – 0192.

第 2 章　结构上的风荷载

风对结构的作用十分复杂,强风所带来的破坏作用十分巨大,因此对于重要的建筑结构在设计阶段都要充分考虑风荷载的影响。根据对大量实测风速资料统计分析,可以把自然风分为平均风和脉动风两部分。平均风是指在一定时间间隔内(一般 10min 以上),风速大小及方向几乎不随时间变化。平均风的变化周期远大于建筑结构的自振周期,因而对结构影响相当于静力作用。脉动风是风的紊流部分,它的强度随着时间和空间随机变化,周期短,因而对结构产生非定常的脉动力作用。

由紊流风计算结构上的脉动风荷载可依据准定常假设,对于复杂气动现象,如尾流、结构运动等引起的脉动风荷载则需要通过试验或实测等方法来获得。

2.1　平均风荷载

结构上任意一点 i 处的平均风压可以用式(2.1.1)计算:

$$w_{ai} = q_r C_{pi} = \frac{1}{2}\rho U_r^2 C_{pi} \tag{2.1.1}$$

式中:q_r 为参考点平均速压,一般取建筑物顶部高度;U_r 为参考点平均风速;ρ 为空气密度;C_{pi} 为 i 点的平均风压系数。

式(2.1.1)一般出现在模型风洞试验中,可方便试验数据在原型上应用。在荷载规范[1]中,一般提供结构的体型系数。体型系数是按结构的不同外形和方位等给出的整体或局部风压系数加权平均值,并以结构当地的实际速压为参考,这样便于在工程上推广应用。

利用体型系数计算结构上任一点处的平均风压为

$$w_a = \mu_s \mu_{zr} w_r = \mu_s \mu_z w_0 \tag{2.1.2}$$

式中:μ_s 为体型系数;μ_{zr} 为以参考高度 z_r 计算的风压高度变化系数;w_r 为参考风压;w_0 为 10m 高度标准风压;μ_z 为风压高度变化系数。

根据体型系数和风压系数的定义,并利用平均风剖面指数律公式可推得二者的关系式如下:

$$\mu_{si} = C_{pi}\left(\frac{z_r}{z_i}\right)^{2\alpha} \tag{2.1.3}$$

式中：α 为流场平均风剖面指数；z_r 和 z_i 分别为 μ_{si} 及 C_{pi} 的各自参考高度。

我国荷载规范规定了各地的基本风压 w_0。所谓基本风压是指以标准地貌（B 类地貌）离地 10m 高度、自记 10min 平均年最大风速数据，经统计分析确定重现期为 50 年的最大风速（基本风速）v_0，再按以下贝努利公式计算得到：

$$w_0 = \frac{1}{2}\rho v_0^2 \tag{2.1.4}$$

对于不同地貌类型，可以认为梯度风高度处的风速是相等的，则利用平均风剖面指数律公式计算出任意地貌在高度 z 处的风速为

$$v_z = v_0\left(\frac{H_{T0}}{10}\right)^{\alpha_0}\left(\frac{z}{H_{T\alpha}}\right)^{\alpha} \tag{2.1.5}$$

式中：α_0 和 H_{T0} 分别为标准地貌下的平均风剖面指数和梯度风高度，即 0.15 和 350m；α 和 $H_{T\alpha}$ 分别为所计算地貌下的平均风剖面指数和梯度风高度。

由式（2.1.5），并利用贝努利公式计算任意地貌在 z 高度处的平均风压为

$$w_z = w_0\left(\frac{H_{T0}}{10}\right)^{2\alpha_0}\left(\frac{z}{H_{T\alpha}}\right)^{2\alpha} \tag{2.1.6}$$

令

$$\mu_z = \left(\frac{H_{T0}}{10}\right)^{2\alpha_0}\left(\frac{z}{H_{T\alpha}}\right)^{2\alpha} = \left(\frac{H_{T0}}{10}\right)^{2\alpha_0}\left(\frac{10}{H_{T\alpha}}\right)^{2\alpha}\left(\frac{z}{10}\right)^{2\alpha} \tag{2.1.7}$$

其中 H_{T0}, $H_{T\alpha}$, α 和 α_0 均为已知量，因此可作为计算系数给出。式（2.1.7）即为我国荷载规范中的风压高度变化系数计算式。

综合以上，我国规范中给出建筑物表面风压设计标准值为

$$w_k = \beta_z\mu_s\mu_z w_0 \tag{2.1.8}$$

其中，β_z 为风振系数，用于计入由于结构风振所引起的等效静力风荷载。

2.2 脉动风荷载

2.2.1 结构表面脉动风压

设来流紊流风的平均风速为 $U(z)$，脉动风速为 $u(y, z, t)$，则作用在结构上的实际来流风速为 $(U+u)$。根据准定常假设，结构上任一点的风压值计算为

$$W(y,z,t) = \mu_s\frac{\rho}{2}(U+u)^2 = \mu_s\frac{\rho}{2}(U^2 + 2Uu + u^2)$$

$$\approx \mu_s \frac{\rho}{2} U^2 + \mu_s \rho U u = w_a + w_f \tag{2.2.1}$$

此处 μ_s 为体型系数。式(2.2.1)中忽略了脉动风速二阶以上小量,等式右边的第一项即平均风压,同式(2.1.2);第二项为脉动风压:

$$w_f(y,z,t) = \mu_s \rho U u = \frac{2}{U} \cdot \frac{\rho}{2} U^2 \mu_s \cdot u = \frac{2 w_a}{U} u \tag{2.2.2}$$

对上面等式两边计算自协方差量得

$$\sigma_{w_f}^2 = \frac{4 w_a^2}{U^2} \sigma_u^2 = 4 w_a^2 I_u^2 \tag{2.2.3}$$

式中: I_u 为纵向湍流强度。

根据帕塞瓦耳定理,存在如下关系式:

$$\sigma_{w_f}^2(y,z) = \int_0^\infty S_{w_f}(y,z,n) \, \mathrm{d}n$$
$$\sigma_u^2(y,z) = \int_0^\infty S_u(y,z,n) \, \mathrm{d}n \tag{2.2.4}$$

式中: $S_{wf}(y,z,n)$ 和 $S_u(y,z,n)$ 分别为脉动风压谱和脉动风速谱。则由式(2.2.3)及式(2.2.4)得脉动风压谱与脉动风速谱的关系为

$$S_{w_f}(y,z,n) = 4 \frac{w_a^2}{U^2} S_u(y,z,n) \tag{2.2.5}$$

式(2.2.5)对结构上某一点或假设影响都完全相关时是成立的,但对于大型结构而言,还需要考虑表面荷载的不完全相关性,通常加入修正因子写成如下形式[2,3]:

$$S_{w_f}(y,z,n) = 4 \frac{w_a^2}{U^2} S_u(y,z,n) \cdot \chi^2(n) \tag{2.2.6}$$

其中 $\chi^2(n)$ 称为气动导纳。气动导纳是将湍流脉动风与大型结构表面上的脉动风荷载联系起来的函数,在形式上类似机械导纳,体现空间湍流不完全相关性对结构上脉动风荷载的折减。板形或棱柱形结构采用的气动导纳经验式为

$$\chi(n) = \frac{1}{1 + (2n \sqrt{A}/U)^{4/3}} \tag{2.2.7}$$

其中 A 为面积。

气动导纳与物体的形状、尺寸以及来流条件等都有关,对于简单外形的建筑结构可采用经验式,或以远场来流的脉动风相关性代替,对于复杂外形的建筑结构则需要通过试验来确定。本书在以下公式推导中将不再专门提及。

若令

$$S_f(n) = \frac{S_u(y,z,n)}{\sigma_u^2(y,z)} \tag{2.2.8}$$

则由式(2.2.4)得

$$\int_0^\infty S_f(n)\,\mathrm{d}n = \int_0^\infty \frac{S_u(y,z,n)}{\sigma_u^2(y,z)}\,\mathrm{d}n = 1 \tag{2.2.9}$$

即 $S_f(n)$ 为与位置无关的归一化风谱。于是由式(2.2.5)、式(2.2.8)可得

$$S_{wf}(y,z,n) = 4\frac{w_a^2}{U^2}\sigma_u^2 S_f(n) = 4w_a^2 I_u^2 \cdot S_f(n) \tag{2.2.10}$$

把式(2.1.2)的平均风压代入式(2.2.10),得结构上任一点的脉动风压谱为

$$S_{wf}(y,z,n) = \mu_s^2 \mu_z^2 w_0^2 \cdot 4I_u^2 \cdot S_f(n) \tag{2.2.11}$$

我国以前荷载规范及文献[4]中还定义有如下风压脉动系数:

$$\mu_f = \frac{\mu\sigma_w}{w_a} \tag{2.2.12}$$

其中 μ 为保证系数。根据国内实测数据并参考国外规范资料,风压脉动系数取以下经验值:

$$\mu_f = 0.5 \times 35^{1.8(\alpha-0.16)}(z/10)^{-\alpha} \tag{2.2.13}$$

其中 α 为平均风速剖面指数,对应 A、B、C、D 四类地貌分别取 0.12、0.16、0.22 和 0.33。由风压脉动系数定义可推出它与湍流度存在如下关系:

$$\frac{\mu_f}{\mu} = 2I_u \tag{2.2.14}$$

由式(2.2.14)可见,若以风压脉动系数 μ_f 代替 $2I_u$ 计算,得到的结果实际上是带有保证系数 μ 的。我国现行荷载规范已不再使用风压脉动系数,而直接以湍流度代之,因此在计算结构峰值响应时还应乘以峰值因子或保证系数。若采用我国目前荷载规范中的湍流度经验式(1.2.4)计算,则由式(2.2.13)及式(2.2.14)可推得保证系数 μ 的取值约为 1.57~1.79 之间,可见稍显偏小。

2.2.2 结构上的脉动风荷载

竖直结构上单位高度受到的脉动风荷载计算为

$$F(z,t) = \int_0^{B(z)} w_f(y,z,t)\,\mathrm{d}y \tag{2.2.15}$$

其中 B 为结构的宽度。此处 $w_f(y, z, t)$ 在形式上同式(2.2.2),但此处体型系数应考虑为结构的迎风面和背风面叠加效果,或阻力系数。文献[2]介绍了考虑结构顺风向脉动风荷载相关性的经验式。

设高层建筑结构在竖向按集中质量离散,第 i 单元离散高度为 h_i,则第 i 和 j 单元质点的脉动风荷载协方差为

$$\overline{F(z_i,t)F(z_j,t)} = h_i h_j \cdot \int_0^{B(z_i)} \int_0^{B(z_j)} \overline{w_f(y_i,z_i,t)w_f(y_j,z_j,t)} \cdot \mathrm{d}y_i \mathrm{d}y_j$$

$$(2.2.16)$$

根据维纳—辛钦定理,式(2.2.16)可用功率谱密度函数表示为

$$S_{F_iF_j}(n) = h_i h_j \cdot \int_0^{B(z_i)} \int_0^{B(z_j)} \sqrt{S_{w_f}(y_i,z_i,n)S_{w_f}(y_j,z_j,n)} \cdot$$

$$\mathrm{Coh}(y_i,y_j,z_i,z_j,n)\,\mathrm{d}y_i\mathrm{d}y_j \qquad (2.2.17)$$

把式(2.2.11)代入到式(2.2.17),并假设体型系数及湍流度等参数仅为高度的函数,则得到结构上脉动风荷载谱计算式为

$$S_{F_iF_j}(n) = 4w_0^2 h_i h_j \cdot \mu_s(z_i)\mu_s(z_j)\mu_z(z_i)\mu_z(z_j)I_u(z_i)I_u(z_j) \cdot$$

$$S_f(n) \cdot \int_0^{B(z_i)} \int_0^{B(z_j)} \mathrm{Coh}(y_i,y_j,z_i,z_j,n) \cdot \mathrm{d}y_i\mathrm{d}y_j \qquad (2.2.18)$$

若把相干函数取为式(1.2.16)及式(1.2.17)的形式,代入到式(2.2.18)得

$$S_{F_iF_j}(n) = 4w_0^2 h_i h_j \cdot \mu_s(z_i)\mu_s(z_j)\mu_z(z_i)\mu_z(z_j)I_u(z_i)I_u(z_j) \cdot$$

$$S_f(n) \cdot \exp\left(-\frac{|z_i-z_j|}{60}\right)\int_0^{B(z_i)} \int_0^{B(z_j)} \exp\left(-\frac{|y_i-y_j|}{50}\right) \cdot \mathrm{d}y_i\mathrm{d}y_j$$

$$(2.2.19)$$

其中的积分项直接计算得到

$$\int_0^{B(z_i)} \int_0^{B(z_j)} \exp\left(-\frac{|y_i-y_j|}{50}\right) \cdot \mathrm{d}y_i\mathrm{d}y_j = \int_0^{B(z_i)} \mathrm{d}y_i \int_0^{y_i} \exp\left(\frac{y_j-y_i}{c}\right)\mathrm{d}y_j +$$

$$\int_0^{B(z_i)} \mathrm{d}y_i \int_{y_i}^{B(z_j)} \exp\left(\frac{y_i-y_j}{c}\right)\mathrm{d}y_j = 2c \cdot B(z_i) -$$

$$c^2 \cdot \left(1 - \exp\left(-\frac{B(z_i)}{c}\right) - \exp\left(-\frac{B(z_j)}{c}\right) + \exp\left(\frac{B(z_i)-B(z_j)}{c}\right)\right)$$

$$(2.2.20)$$

式中:$c = 50$。

下面为结构脉动风荷载谱矩阵(采用元胞数组)的计算程序,另外按我国现

行规范给出了风压高度变化系数和湍流度剖面计算程序。

```
1   function Sf = Wsp(wz,WdPara,FreqPara,wptype,B)
2   % 脉动风荷载谱矩阵(元胞数组)
3   % 脉动荷载方差 wz
4   % 风场参数 WdPara
5   % 频域参数 FreqPara
6   % 风谱参数 wptype
7   % 结构宽 B(计入横向荷载相关性)
8   %
9   Nfft = FreqPara.Nfft;
10  Fs = FreqPara.Fs;
11  N2 = fix(Nfft/2);
12  nf = (1:N2)'/Nfft * Fs;
13  % 脉动荷载协方差
14  wzm = wz * wz';
15  z = WdPara.z;
16  if isscalar(B), B = B* ones(size(z)); end
17  Pt = [zeros(size(z)),B,z];
18  for k = 1:length(z)
19  for i = 1:k
20      spxy = windPxy(Pt,[k,i],nf,WdPara,wptype);
21      Sp{k,i} = wzm(k,i) * spxy;  % 式(2.2.11)
22      Sp{i,k} = Sp{k,i};   % 对称实谱
23  end
24  end
25  return
```

```
1   function uz = muz(z, ABLtype)
2   % 风压高度变化系数(荷载规范)
3   % 高度 z
4   % 大气边界层类型 ABLtype
5   %
6   switch upper(strtrim(ABLtype))
7       case 'A'
8           uz = 1.284* (z/10).^0.24;
9           uz(z <=5) =1.284* (5/10)^0.24;
```

```
10          uz(z > =300) = 2.91;
11      case 'B'
12          uz = (z/10).^0.3;
13          uz(z < =10) = 1.0;
14          uz(z > =350) = 2.91;
15      case 'C'
16          uz = 0.544* (z/10).^0.44;
17          uz(z < =15) = 0.544* (15/10).^0.44;
18          uz(z > =450) = 2.91;
19      case 'D'
20          uz = 0.262* (z/10).^0.60;
21          uz(z < =30) = 0.262* (30/10).^0.60;
22          uz(z > =550) = 2.91;
23  end
24  return
```

```
1   function Iu = Iuz(z, ABLtype)
2   %  湍流度剖面 (荷载规范)
3   %  高度 z
4   %  大气边界层类型 ABLtype
5   %
6   switch upper(strtrim(ABLtype))
7     case 'A'
8          Iu = 0.12 * (10./z).^0.12;
9     case 'B'
10         Iu = 0.14 * (10./z).^0.15;
11     case 'C'
12         Iu = 0.23 * (10./z).^0.22;
13     case 'D'
14         Iu = 0.39 * (10./z).^0.3;
15  end
16  return
```

2.2.3 脉动风荷载谱算例

设建筑物的高度为 100m,宽度 50m,按集中质量划分为 10 层,每层(质点)高为 10m;阻力系数为 1.2,建筑物所在地区为 C 类地貌,当地基本风压为 0.5kPa。

下面为建筑物上脉动风荷载谱计算示例程序,图 2.1 显示了 20m 和 100m 高度处的脉动风荷载谱计算结果。

```
1   % exam_wsp_2_1.m
2   % 计算结构脉动风荷载谱
3   % 频域参数
4   FreqPara.Nfft = 2000;
5   FreqPara.Fs = 100;
6   % 结构参数
7   H = 100;    % 结构高度
8   dz = 10;    % 离散
9   z = [H: -dz : dz]';
10  B = 50;     % 结构宽度
11  % 体型(阻力)系数
12  mus = 1.2;
13  % 风场参数
14  w0 = 0.5;            % 基本风压 kPa
15  ABLtype = 'C ';    % 地貌类型
16  WdPara.alfa = 0.22;    % 风剖面指数
17  WdPara.zr = 10;    % 参考高度/参考风速
18  WdPara.ur = sqrt(w0 * muz(WdPara.zr,ABLtype) * 1666);
19  WdPara.z = z;
20  WdPara = pow_log(WdPara);
21  % 平均荷载/脉动荷载根方差
22  wa = w0 * mus. * muz(z,ABLtype). * dz * B;
23  wz = 2 * wa. * Iuz(z,ABLtype);
24  % 风谱参数
25  wptype.sp = 1;    % Devaport 谱
26  wptype.coh = 2;    % 相干函数
27  % 荷载谱矩阵(元胞数组)
28  Spw = Wsp(wz, WdPara, FreqPara, wptype, B);
29  % show
30  N2 = fix(FreqPara.Nfft/2);
31  nf = (1:N2)'/FreqPara.Nfft * FreqPara.Fs;
32  figure,
33  loglog(nf,Spw{9,9},'r - ', nf,Spw{1,1},'b - - ')
34  set(gca,'linewidth',2)
35  legend('z = 20m','z = 100m')
```

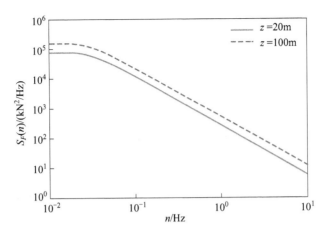

图 2.1　结构上的脉动风荷载谱

2.3　脉动风压管路信号畸变修正

复杂的重要建筑结构抗风研究中,一般都需要通过边界层风洞试验来测量模型表面的风压分布,以获得模型表面的平均风压系数和脉动风压系数等风力系数。目前建筑结构模型风洞试验中,大多是通过电子扫描阀系统测量模型表面测点的脉动压力时间历程。电子扫描阀系统在连续扫描模式下,如 DSM3400 最小采样时间间隔可达 $50\mu s$,对应一个扫描阀测量模块 64 个测点,最大采样频率约为 312.5Hz。由于同步延迟时间相对较小,可以满足一般风工程试验要求。

2.3.1　测压管路频响函数

脉动压力测量最准确的方法是把脉动压力传感器直接安装于测点位置,但对于动辄数百个测点的测量规模以及较小缩比的模型尺寸来说,通常的风洞试验中都难以实现。由于模型加工、测量设备等各方面的限制,测点往往需要通过传压管路连接到压力传感器进行测量,而传压管路所导致的信号畸变是影响脉动压力测量精度的一个主要因素[5]。

影响管路传输特性的主要为管长和管径,减小管路信号畸变的方法通常包括:采用长度 20 ~ 100mm 范围的短管路,管径可为 1 ~ 2mm,短管路的共振频率较高,可获得较好的低频特性;另一种是采用限制器,最简单的方法是在管路中加入一毛细管,可获得测压管路长度在 150 ~ 500mm,频率 200Hz 以内较好的频响特性[6]。但以上方法都是近似的,随着计算机技术的发展,目前更多是利用管路频响函数通过傅里叶变换进行修正,以获得更准确的结果。

传压管路频响函数可通过直接测量获得,但当管路较多时工作量很大。而通过流体管道耗散模型理论计算管路频响函数,精度高且应用方便[7]。

设一根恒定管径的管道中充满流体,管道两端的瞬时体积流量及流体压力分别为 $q_1(t)$,$p_1(t)$ 和 $q_2(t)$,$p_2(t)$,其对应拉普拉斯变换分别为 $Q_1(s)$,$P_1(s)$ 和 $Q_2(s)$,$P_2(s)$,则有如下的流体传输管道动态特性方程[8]:

$$\begin{bmatrix} P_1(s) \\ Q_1(s) \end{bmatrix} = \begin{bmatrix} \cosh\Gamma(s) & Z_c(s) \cdot \sinh\Gamma(s) \\ \dfrac{1}{Z_c(s)}\sinh\Gamma(s) & \cosh\Gamma(s) \end{bmatrix} \begin{bmatrix} P_2(s) \\ Q_2(s) \end{bmatrix} \quad (2.3.1)$$

式中:$Z_c(s) = \sqrt{Z(s)/Y(s)}$ 为特征阻抗;$\Gamma(s) = l\sqrt{Z(s)Y(s)}$ 为传播算子,此处 l 为管道长度,$Z(s)$ 及 $Y(s)$ 分别为

$$Z(s) = \frac{\rho_0 s}{A}\left(1 - \frac{2J_1(i \cdot r_0\sqrt{s/\nu_0})}{i \cdot r_0\sqrt{s/\nu_0} \cdot J_0(i \cdot r_0\sqrt{s/\nu_0})}\right)^{-1} \quad (2.3.2)$$

$$Y(s) = \frac{As}{\rho_0 a_0^2}\left(1 + \frac{2(\gamma-1) \cdot J_1(i \cdot r_0\sqrt{\sigma_0 s/\nu_0})}{i \cdot r_0\sqrt{\sigma_0 s/\nu_0} \cdot J_0(i \cdot r_0\sqrt{\sigma_0 s/\nu_0})}\right) \quad (2.3.3)$$

式中:A 为管道通流面积;ρ_0 为流体密度;a_0 为介质声速;γ 为绝热指数;r_0 为管道半径;σ_0 为普朗特数;ν_0 为运动黏性系数;J_0 和 J_1 分别为零阶和一阶的贝塞尔函数。

把式(2.3.1)两端分别看做是系统的输入端和输出端,则当管路系统有 m 段管道串接而成时(每段均为等截面),可推得如下的系统传递关系:

$$\begin{bmatrix} P_{\text{in}} \\ Q_{\text{in}} \end{bmatrix} = M_1\begin{bmatrix} P_1 \\ Q_1 \end{bmatrix} = M_1 M_2\begin{bmatrix} P_2 \\ Q_2 \end{bmatrix} = \cdots = \prod_{i=1}^{m} M_i\begin{bmatrix} P_{\text{out}} \\ Q_{\text{out}} \end{bmatrix} = M\begin{bmatrix} P_{\text{out}} \\ Q_{\text{out}} \end{bmatrix}$$

$$(2.3.4)$$

对于压力测量管路,在管路末端有 $Q_{\text{out}} = 0$,因此最终连乘矩阵 M 的第一个元素即为测压管路系统的压力传递频响函数:

$$H(i\omega) = \frac{P_{\text{out}}}{P_{\text{in}}} = \frac{1}{M_{1,1}(i\omega)} \quad (2.3.5)$$

下面为管道频响函数计算程序(包括子函数 Mx):

```
1  function Hp = dynp(D0, L0, f)
2  % 管路频响函数
3  % 组合管路管径(mm) D0
4  % 组合管路管长(mm) L0
5  % 计算频率 f
6  %
7  % 全局物理常量
8  global den mu prand gam a0
```

```
9    den = 1.10;              %  空气密度
10   mu = 1.50e-5;            %  运动黏性
11   prand = 0.708;           %  普朗特数
12   gam = 1.4;               %  比热比
13   a0 = 340;                %  声速
14   %   管路参数
15   N = length(f);
16   r0 = D0* 5e-4;  %  半径 m
17   L0 = L0* 1e-3;  %  管长 m
18   %   传递函数
19   for kk = 1: length(r0)
20      [v1,v2] = Mx(r0(kk), L0(kk), f);
21      Z{kk} = v1;
22      G{kk} = v2;
23   end
24   Hp = zeros(N,1);
25   for k = 1:N,
26       M = eye(2);
27       for kk = 1:length(r0)   %  式(2.3.4)
28          M =M* [cosh(G{kk}(k)),Z{kk}(k)* sinh(G{kk}(k));
29               sinh(G{kk}(k))/Z{kk}(k),cosh(G{kk}(k))];
30       end
31       Hp(k) = 1./M(1,1);   %  式(2.3.5)
32   end
33   return
34   %
35   function [Zc, G] = Mx(r, L, f);
36   %  单管路传递函数(子函数)
37   global den mu prand gam a0
38   A = pi* r* r;
39   s = f* 2i* pi;
40   %  0-2 阶一类修正贝塞尔函数
41   x0 = r* sqrt(s/mu);
42   b0 = besseli(0,x0);
43   b2 = besseli(2,x0);
44   Z = den/A* s.* (b0./b2);   %  式(2.3.2)
```

```
45  %  0 -1 阶一类修正贝塞尔函数
46  x1 = r* sqrt(s* prand/mu);
47  b0 = besseli(0,x1);
48  b1 = besseli(1,x1);   % 式(2.3.3)
49  Y = A/(den* a0* a0)* s.* (1 +2* (gam -1)* b1./(x1.* b0));
50  %
51  Zc = sqrt(Z./Y);
52  G = sqrt(Z.* Y)* L;
53  return
```

2.3.2 管路频响函数算例

图 2.2 为实验测量的某测压管路频响函数的幅频和相频曲线,图中同时给出理论计算结果对比,可见二者吻合较好。

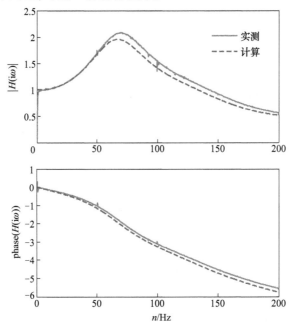

图 2.2 管路频响函数实测与计算结果

图 2.3 显示了内径 1.5mm 的不同长度测压管路频响函数的幅频曲线对比。由图可见:当管长小于 100mm 时,频率 200Hz 以内频响函数的幅值接近于 1,表明在该低频范围内管路引起的信号畸变可忽略,因此实验中应尽量使用短管路;随着管长增加,管路引起的畸变共振频率逐渐降低,同时由于阻尼增大,导致信号衰减增大、信噪比降低。

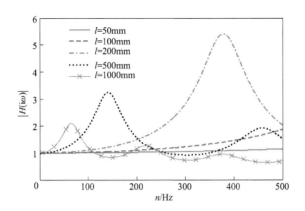

图 2.3　不同管长的频率响应函数(管径 1.5mm)

　　图 2.4 显示了不同管径的测压管频响函数幅频曲线对比。由图可见,随着管径增大,管路引起的共振放大幅度也迅速增大,而共振频率受管径的变化影响相对小。增加管长或减小管径都有相当于增大传压阻尼的作用,当管路长而管

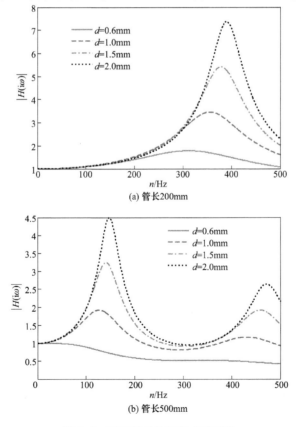

(a) 管长200mm

(b) 管长500mm

图 2.4　不同管径的频率响应函数

径又细时,信号受阻尼衰减幅度大,导致信噪比较低。这时若采用频响函数进行修正,则信号中的噪声反而被放大了。因此在应用频响函数进行脉动压力畸变修正时,应适当增大管径、减小管长,以确保修正后数据的精度。

下面为管路脉动压力信号畸变修正示例程序:

```
1   function rdat = TubeRevTheo(dat,Fs,D0,L0)
2   %  管道脉动压力信号畸变理论修正
3   %  修正数据 dat
4   %  采样频率 Fs
5   %  管径向量 D0
6   %  管长向量 L0
7   %
8   %    低通截止频率(设置较大数( >Fs)相当于不滤波)
9   Fmax = Fs;
10  %   频域参数
11  N = length(dat);
12  N2 = fix(N/2);
13  ffx = (0:N2)'/N * Fs;
14  %   理想低通滤波
15  tff = ffx(ffx<Fmax);
16  nh = length(tff);
17  %   理论频响函数
18  tH = dynp(D0,L0,tff(2:end));
19  %   频域
20  ffdat = fft(dat,N);
21  tffdat = zeros(size(ffdat));
22  tffdat(1) = ffdat(1);
23  % 理论修证
24  tffdat(2:nh) = ffdat(2:nh)./tH;
25  %   逆变换
26  rdat = ifft(tffdat, N, 'symmetric');
27  return
```

2.4 脉动风压场 POD 分解与重建

本征正交分解(Proper Orthogonal Decomposition,POD)是一种统计分析随机场的有效方法,应用十分广泛,也特别适合于风工程中脉动风压场等方面的应用[9]。风致建筑结构表面的脉动压力是随时间和空间变化的复杂多变量随机过程,利用 POD 分解可以把脉动风压场展开为与空间相关的本征模态和与时间相关的主坐标的组合级数形式。较少的本征模态即包含了脉动风压场的大部分能量和主要特征,因此有利于简化脉动风压场的描述,深入研究其影响机制[10,11]。另外通过对主要本征模态在空间上插值或拟合可以预测未知点的脉动风压分布[12-14]。近年来,POD 还被应用于结构动态响应分析中,并取得了许多研究成果[15-17]。

2.4.1   POD 基本原理

本征正交分解最初是根据 Karhunen - Loeve 分解原理获得的,该方法把随机场过程转化为基本函数的级数展开,这些基本函数在统计意义上是最优的,因此只需要少量项数就可以非常准确地描述随机场过程。

设风压场有 n 个脉动风压组成的向量:

$$\boldsymbol{P}(t) = [p_1(t), p_2(t), \cdots, p_n(t)] \tag{2.4.1}$$

其中 $p_k(t) = p(x_k, y_k, z_k, t)$ 表示空间位置 (x_k, y_k, z_k) 点处的脉动压力。

现假设存在一正交坐标系,使风压向量 $\boldsymbol{P}(t)$ 在其各轴上有最大投影。若 $\boldsymbol{\phi}_k$ 是正交坐标系的第 k 轴基向量,则风压向量在轴上的投影为

$$a_k(t) = \boldsymbol{P}(t) \cdot \boldsymbol{\phi}_k \quad (k = 1, 2, \cdots, n) \tag{2.4.2}$$

其中 $\boldsymbol{\phi}_k = [\phi_{1k}(x_1, y_1, z_1), \phi_{2k}(x_2, y_2, z_2), \cdots, \phi_{nk}(x_n, y_n, z_n)]^{\mathrm{T}}$。

把 $a_k(t)$ 进行正则化:

$$a_k(t) = \frac{\boldsymbol{P}(t) \cdot \boldsymbol{\phi}_k}{(\boldsymbol{\phi}_k^{\mathrm{T}} \cdot \boldsymbol{\phi}_k)^{1/2}} \tag{2.4.3}$$

$a_k(t)$ 为主坐标,其均方值为

$$\overline{a_k(t)^2} = \frac{\boldsymbol{\phi}_k^{\mathrm{T}} \cdot \overline{\boldsymbol{P}(t)^{\mathrm{T}} \cdot \boldsymbol{P}(t)} \cdot \boldsymbol{\phi}_k}{\boldsymbol{\phi}_k^{\mathrm{T}} \cdot \boldsymbol{\phi}_k} = \frac{\boldsymbol{\phi}_k^{\mathrm{T}} \cdot \boldsymbol{C} \cdot \boldsymbol{\phi}_k}{\boldsymbol{\phi}_k^{\mathrm{T}} \cdot \boldsymbol{\phi}_k} = \lambda_k \tag{2.4.4}$$

式(2.4.4)求解 $\boldsymbol{\phi}_k$ 使有最大值 λ_k 可归结为瑞利商问题(Rayleigh Quotient)[12]。根据瑞利商的性质,式(2.4.4)的瑞利商在协方差矩阵 $\boldsymbol{C}$ 的本征向量上取驻值,因此当且仅当 $\boldsymbol{\phi}_k$ 满足下列本征值问题时,主坐标 $a_k(t)$ 的均方值取得驻值,并且各驻值即为本征值:

$$\boldsymbol{C} \cdot \boldsymbol{\phi}_k = \lambda_k \cdot \boldsymbol{\phi}_k \tag{2.4.5}$$

设 $\boldsymbol{C}$ 的本征模态矩阵 $\boldsymbol{\Phi} = [\boldsymbol{\phi}_1, \boldsymbol{\phi}_2, \cdots, \boldsymbol{\phi}_n]$ 已正则化,主坐标矩阵 $\boldsymbol{a}(t) = [a_1(t), a_2(t), \cdots, a_n(t)]$,则

$$a(t) = P(t) \cdot \boldsymbol{\Phi} \tag{2.4.6}$$

根据本征模态矩阵 $\boldsymbol{\Phi}$ 的正交性得

$$P(t) = a(t) \cdot \boldsymbol{\Phi}^{\mathrm{T}} \tag{2.4.7}$$

脉动风压场的总能量为

$$E = \sum_{k=1}^{n} p_k^2(t) = P(t) \cdot P(t)^{\mathrm{T}} = a(t) \cdot a(t)^{\mathrm{T}} = \sum_{k=1}^{n} \lambda_k \tag{2.4.8}$$

则每个本征值对应的本征模态所包含的能量占比为

$$b_i = \frac{\lambda_i}{\sum_{k=1}^{n} \lambda_k} \tag{2.4.9}$$

于是根据 b_i 即可以确定风压场的主要本征模态,实现对本征模态的缩减。

以下为脉动压力场 POD 分解及预测计算程序:

```
1  function idat = pod_rec(dat, xx, yy, ix, iy)
2  % 脉动压力场 POD 预测
3  % 脉动压力场时程数据 dat(按 x - > y 排列)
4  % 脉动压力场测点坐标(xx, yy)
5  % 脉动压力预测点坐标(ix, iy)
6  %
7  % 缩减本征模态能量占比
8  mine = 0.01;
9  [at, vecs, lams] = pod(dat, mine);
10 % 预测点本征模态插值
11 [n, m] = size(xx);
12 rnk = size(vecs, 2);
13 for k = 1: rnk
14    vp = reshape(vecs(:,k),m,n)';
15    ivp = interp2(xx,yy,vp,ix,iy, 'spline');
16    vi(:,k) = ivp(:);  % 按 x - > y 顺序
17 end
18 idat = at * vi';
19 return


1  function [at, vecs, lams] = pod(dat, mine)
2  % 脉动压力场 POD 分解
3  % 脉动压力场时程数据 dat
4  % 缩减本征模态能量占比 mine
```

```
5   %
6   %  协方差矩阵
7   covd = cov(dat);
8   %  本征分解
9   [vec, lam] = eig(covd);
10   %  本征模态缩减
11   lam = diag(lam);
12   toten = sum(lam);   %  总能量
13   pwp = lam/toten;    %  能量占比
14   ks = find(pwp > mine);
15   vecs = vec(:,ks);
16   lams = lam(ks);
17   %  主坐标,式(2.4.6)
18   at = dat * vecs;
19   return
```

2.4.2　脉动风压 POD 预测算例

如图 2.5 所示为风洞实验中一弧形物面上的脉动压力测点布置情况,其中测点编号分别为 P1 ~ P12 及 Pa、Pb、Pc 共 15 个。采用脉动压力传感器测量,实验获得了各测点的脉动压力时程数据。现为检验 POD 预测脉动风压场的效果,假设风压场中 P1 ~ P12 各测点的脉动压力数据为已知,需要预测 Pa、Pb、Pc 三点的脉动压力时间历程,并把预测结果与实际测量结果对比。

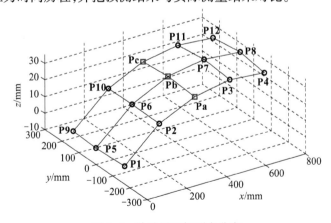

图 2.5　脉动风压场测点分布

图 2.6、图 2.7 显示了计算结果。图 2.6 为脉动压力系数时间历程预测结果,由图可见,预测值与实际测量值符合较好,但预测值的波形幅度总体上略小

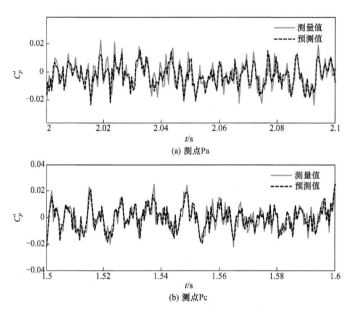

(a) 测点Pa

(b) 测点Pc

图 2.6　脉动压力时程的预测值与测量值比较

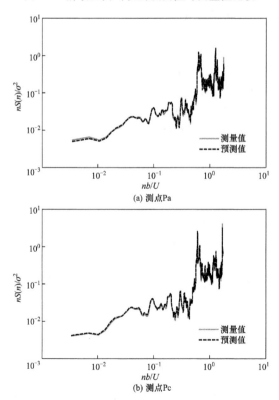

(a) 测点Pa

(b) 测点Pc

图 2.7　脉动压力功率谱的预测值与测量值比较

一些,这可能是由于本征模态缩减以及插值所带来的误差。图 2.7 为功率谱的预测值与实测值对比,可见二者在频域的统计结果几乎完全一致。

POD 预测精度与本征模态的插值(或拟合)结果密切相关,插值精度直接影响到预测的结果。本文采用了 Matlab 内置二维插值函数,一些文献中还采用距离反比加权插值等方法[12]。另外要指出的是,本算例中的脉动压力数据均去除了均值,若包含均值则预测结果中也将包含平均量。但计算结果表明,平均值预测的结果误差略大,因此建议平均值可通过单独插值(或拟合)方法得到。

2.5 非高斯脉动风压极值统计

结构上的极值风荷载一直是风工程研究人员和工程师们最为关注的。目前世界上许多规范利用脉动风的高斯分布统计特性给出峰值因子,然后基于准定常假设由峰值因子计算结构上的极值荷载[6]。我国荷载规范中计算维护结构的设计风压也采用同样方法。但已有许多研究表明,结构上的极值风压往往并不服从高斯分布,特别是在高湍流、尾流或流动分离区域,风荷载已严重偏离高斯型假设[18,19]。文献[20]介绍了对大跨屋面刚性模型表面同步测压风洞试验,研究屋面不同区域的非高斯风压分布特性;文献[21]介绍对超高层建筑物表面非高斯风压分布特性的风洞试验研究等。

文献[22]介绍通过对大量风洞试验数据采样,研究低矮建筑物不同位置风压极值概率分布,表明极值 I 型符合较好,文献[23]也进行了类似研究。通过对大量风洞试验数据采集来获得极值风压分布样本,可以得到相对可靠的统计数据,但这在通常的试验室研究中显然十分困难。文献[24]介绍了一种方法,通过把非高斯分布的单个脉动风压数据样本映射到标准正态分布,从而实现利用解析式估算极值的方法(以下称单样本解析方法)。文献[25]介绍把单个长时距数据样本进行分段,获得相对较短时距的极值样本,然后再利用该样本数据估计原时距的极值方法(以下称分段多观测值方法)。

2.5.1 单样本解析方法

建筑结构上的脉动风荷载不一定是正态分布,如在尾流区域可能更符合三参数的 gamma 分布。为了更准确地估计最大风荷载,有必要先确定原始脉动风荷载时间历程数据的概率分布(边缘概率分布)。

三参数 gamma 分布的概率密度函数式为

$$f(x) = \frac{1}{\beta \cdot \Gamma(\gamma)} \cdot \left(\frac{x-\mu}{\beta}\right)^{\gamma-1} \exp\left(-\frac{x-\mu}{\beta}\right) \quad (x > \mu) \qquad (2.5.1)$$

式中:γ 为形状参数;β 为尺度参数;μ 为位置参数;$\Gamma(.)$ 为 gamma 函数。式 (2.5.1)中 $x > \mu$ 意味着适合于对极大值估计(长上尾概率分布),即样本具有正偏态系数,负偏态系数时(长下尾)则应把样本数据乘以(-1)(即镜像处理)。相应极小值的估计仍然采用正态分布。

式(2.5.1)参数采用矩估计方法。设样本的平均值为 X,标准差为 σ,偏度为 S,则有如下的参数估计:

$$\gamma = (2/S)^2$$
$$\beta = \sigma \cdot S/2 \qquad (2.5.2)$$
$$\mu = X - 2\sigma/S$$

当偏度 S 较大时,表明采用 gamma 分布类型较合适,但当 S 较小时,计算的 γ 及 $\Gamma(\gamma)$ 值会很大,此时应仍采用正态分布,即

$$f(x) = \exp\left(-\frac{(x-\mu)^2}{2\sigma^2} \right) \frac{1}{\sqrt{2\pi} \cdot \sigma} \qquad (2.5.3)$$

式中:μ 为期望值(位置参数);σ 为标准差(尺度参数)。

确定了原始时间历程数据概率分布以后,Sadek & Simiu[24]介绍一种基于映射变换的极值估计方法:设时长为 T 的原始非高斯时间历程 $x(t)$,其概率分布已知为 $f_x(x)$,相应的累积分布函数为 $F_x(x)$。现把它映射到一时间序列 $y(t)$,其分布为标准正态分布 $f_y(y)$,相应累积分布函数 $F_y(y)$,并且其在时间 T 内峰值 y_{pk} 的累积分布函数为

$$F_{ypk}(y_{pk}) = \exp\left(-\nu_0 T \cdot \exp(-y_{pk}^2/2) \right) \qquad (2.5.4)$$

式中:ν_0 为高斯过程平均零值穿越率,可按下式计算:

$$\nu_0 = \sqrt{\int_0^\infty n^2 S_y(n)\,\mathrm{d}n / \int_0^\infty S_y(n)\,\mathrm{d}n} \qquad (2.5.5)$$

式中:n 为频率;$S_y(n)$ 为 $y(t)$ 功率谱密度函数,计算中以 $x(t)$ 功率谱密度函数代之。

确定以上关系以后,按以下步骤进行映射计算(图2.8)[26]:

(1) 任意取 $F_{ypk}(y_{pk})$ 在 $0 \sim 1$ 之间的某个值,按式(2.5.4)计算相应的峰值 y_{pk};

(2) 计算 $F_y(y = y_{pk})$;

(3) 由 $F_x(x) = F_y(y)$,计算出相应的 x 值;

(4) 由 x 峰值累积分布 $F_{xpk}(x_{pk} = x) = F_{ypk}(y_{pk})$,此处设 x 极值分布为极值 I 型分布(参见式(1.4.1)),由此可计算出分布参数及任意保证率下的极值。

本文在以下计算中把符合 gamma 分布的极大值或极小值计算均采用了以

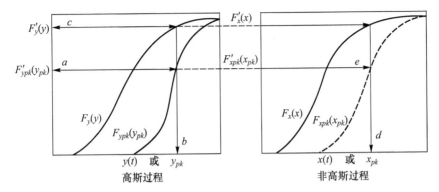

图 2.8　非高斯过程 $x(t)$ 到高斯过程 $y(t)$ 的映射示意图

上映射方法,计算程序如下:

```
1   function [xmax, xmin] = ExtrmPss(dat,Fs,F1)
2   %  单样本解析方法—映射 Gamma 分布
3   %  输入数据 dat
4   %  采样频率 Fs
5   %  保证率 F1
6   %
7   %  时程数据矩统计
8   sba = skewness(dat);
9   sgn = 1;
10  %  较大负偏则镜像极小
11  if sba < -0.35
12    sgn = -1;  dat = -dat; sba = -sba;
13  end
14  avg = mean(dat);
15  sig = std(dat);
16  %  高斯峰值分布,式(2.5.4) - (2.5.5)
17  Nft = 512;
18  [Sxx, nf] = pwelch(dat,hanning(Nft),0,Nft* 2,Fs);
19  v0 = sqrt(sum(nf.* nf.* Sxx)/sum(Sxx(2:end)));
20  T = length(dat)/Fs;
21  Fypk = (0.05: 0.05: 0.9)';
22  ypk = sqrt(2* log( -v0* T./log(Fypk) ));
23  %  极大值
24  Fy = normcdf(ypk,0,1);
```

```
25   if sba >0.35  %  偏度大按三参数 gamma 分布,式(2.5.2)
26      gam = (2 . / sba).^2;
27      bet = sig .* sba / 2;
28      mue = avg - 2 * sig ./ sba;
29      xpk = gaminv(Fy, gam, bet) + mue;
30   else  %  偏度小按正态分布,式(2.5.3)
31      xpk =  norminv(Fy, avg, sig);
32   end
33   A = [xpk, -ones(size(xpk,1),1)];
34   B = -log(-log(Fypk));
35   para = A\B;
36   bt1 = 1/para(1);
37   mu1 = para(2)/para(1);
38   xmax = mu1 - log(-log(F1)) * bt1;  %  式(1.4.1)
39   %  极小值按正态分布
40   Fyi = normcdf(-ypk,0,1);
41   xpki = norminv(Fyi,avg,sig);
42   A = [-xpki, -ones(size(xpki,1),1)];
43   para = A\B;
44   bt2 = 1/para(1);
45   mu2 = para(2)/para(1);
46   xmin = log(-log(F1))* bt2 -mu2 ;
47   %  镜像还原
48   if sgn <0
49      ntmp =xmin; xmin = -xmax; xmax = -ntmp;
50   end
51   return
```

2.5.2 分段多观测值方法

设一段时间长度为 t_1 的脉动压力时程数据样本,将其划分为 n 段,每段的时距为 t_2,则 $t_1 = n \cdot t_2$。设划分的每段之间都是相互独立的,由此得到 n 个观测极值。记在 t_1 时距下极值小于 x_e 的概率为 $F(T=t_1)$,在 t_2 时距下极值小于 x_e 的概率为 $F(T=t_2)$,于是由极值的独立性可知有如下概率等价关系:

$$F(T=t_1) = F^n(T=t_2) \tag{2.5.6}$$

一般极值可认为服从极值 I 型分布,如式(1.4.1),此处重写如下:

$$F_I(x) = \exp(-\exp(-y)) \tag{2.5.7}$$

其中

$$y = (x - \mu)/a \tag{2.5.8}$$

把式(2.5.7)代入到式(2.5.6)得

$$\exp(-\exp(-y(T=t_1))) = [\exp(-\exp(-y(T=t_2)))]^n$$

$$\Rightarrow \quad y(T=t_1) = y(T=t_2) - \log(n) \tag{2.5.9}$$

于是由式(2.5.8)、式(2.5.9)得到如下关系式：

$$a_1 = a_2$$
$$\mu_1 = \mu_2 + a_2 \cdot \log(n) \tag{2.5.10}$$

式(2.5.10)实现从短时距 t_2 下的极值分布转换到原长时距 t_1 下的极值分布，实现原时距下任意保证率的极大值估计。对于极小值估计采用同样的方法并镜像处理即可。为了保证时距 t_2 下分段的各样本间相互独立性，t_2 的确定需要特别考虑。文献[25]介绍采用计算原时间历程数据自相关函数的方法，当时移自相关函数的系数衰减接近于零时，此时时移的时间可作为分段时距 t_2 最小取值。

上面方法采用了极值 I 型分布，文献[27]还介绍采用广义极值分布进行转换的方法，主要采用极值 I 型和极值 III 型(Weibull)分布函数。

分段多观测值极值估计计算程序如下：

```
1  function [xmxn, mxvr] = ExtrmPq(dat,Ls,F1)
2  %  分段多观测值极值估计
3  %  输入数据 dat
4  %  分段数据长度 Ls
5  %  保证率 F1
6  %
7  La = length(dat);
8  sec = (0:Ls:La);
9  nsec = length(sec) -1;
10  for k = 1:nsec
11     ext(k,1) = max( dat(sec(k) +1:sec(k+1)));  % 极大
12     ext(k,2) = -min( dat(sec(k) +1:sec(k+1))); % 极小
13  end
14  mnv = mean(ext);
15  stv = std(ext);
16  %  参数估计
```

```
17   a2 = stv * sqrt(6)/pi;
18   u2 = mnv + psi(1) * a2;
19   % 时距转换,式(2.5.10)
20   a1 = a2;
21   u1 = u2 + log(nsec).* a2;
22   % F1 保证率下极值,式(2.5.7)
23   xmxn(1,:) =  u1(1) - log(-log(F1)) * a1(1);
24   xmxn(2,:) = -u1(2) + log(-log(F1)) * a1(2);
25   %
26   % 平均极值及标准差
27   mv = u1 - psi(1).* a1;
28   vr = pi /sqrt(6).* a1;
29   % 镜像还原
30   mv(2) = -mv(2);
31   mxvr = [mv; vr]';
32   return
```

2.5.3 极值风压估计算例

设测量物体上的非高斯脉动压力时间历程数据如图2.9所示。由图可见,脉动数据的概率分布呈长上尾形态,具有正偏度,与采用三参数 gamma 分布的拟合结果符合较好。利用以上两种方法对不同保证率下的极值进行估计,其中单样本解析方法极大值估计采用 gamma 分布映射,极小值估计仍采用正态分布假设。表2.1给出了两种方法的估算结果,由表可见,采用分段多观测值估计的极小值略偏大。

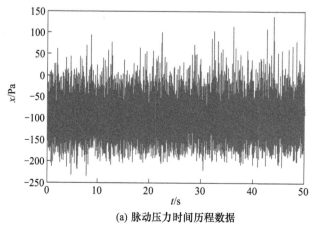

(a) 脉动压力时间历程数据

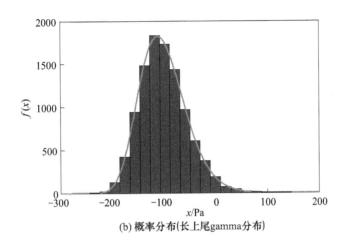

(b) 概率分布(长上尾gamma分布)

图 2.9　脉动压力时间历程数据及其概率分布(长上尾 gamma 分布)

表 2.1　不同方法极值估计结果(长上尾 gamma 分布)

保证率	单样本解析方法		分段多观测值方法	
	极大值	极小值	极大值	极小值
0.6	134.42	−278.57	142.89	−235.30
0.8	150.39	−288.03	162.19	−242.45
0.9	164.86	−296.61	179.68	−248.92

　　图 2.10 显示的为长下尾形态的非高斯脉动压力时间历程数据,可见脉动数据具有负偏度,因此采用镜像的三参数 gamma 分布映射极小值估计。表 2.2 列出了两种方法的估算结果,由表可见,此处二者的误差相对小。

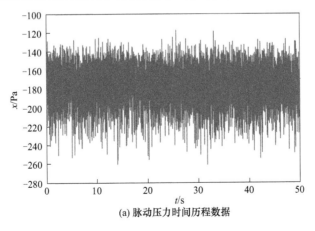

(a) 脉动压力时间历程数据

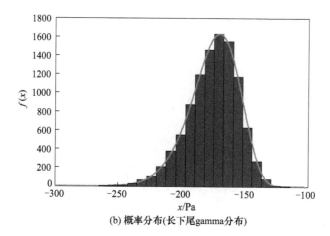

(b) 概率分布(长下尾gamma分布)

图 2.10　脉动压力时间历程数据及其概率分布(长下尾 gamma 分布)

表 2.2　不同方法极值估计结果(长下尾 gamma 分布)

保证率	单样本解析方法		分段多观测值方法	
	极大值	极小值	极大值	极小值
0.6	−104.04	−268.03	−115.73	−271.99
0.8	−99.54	−275.61	−112.33	−278.70
0.9	−95.46	−282.47	−109.26	−284.77

　　图 2.11 显示的为具有正态分布的脉动压力时间历程数据,表 2.3 列出了极值估算结果,由表可见,此时两种方法计算的不同保证率下的极值最接近。

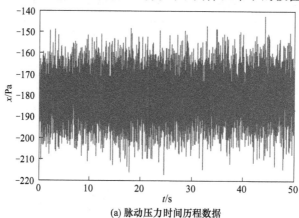

(a) 脉动压力时间历程数据

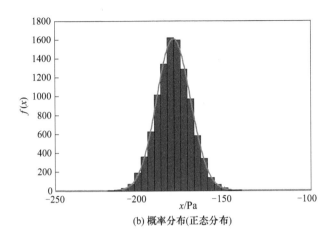

(b) 概率分布(正态分布)

图2.11 脉动压力时间历程数据及其概率分布(正态分布)

表2.3 不同方法极值估计结果(正态分布)

保证率	解析方法		分段多观测值	
	极大值	极小值	极大值	极小值
0.6	−145.70	−214.56	−142.83	−219.62
0.8	−143.26	−216.99	−140.70	−222.05
0.9	−141.06	−219.20	−138.77	−224.26

参 考 文 献

[1] 中华人民共和国住房和城乡建设部. 建筑结构荷载规范(GB50009 - 2012)[S]. 北京:中国建筑工业出版社,2012.

[2] 埃米尔·西缪,罗博特·斯坎伦. 风对结构的作用[M]. 刘尚培,等译. 上海:同济大学出版社,1992.

[3] 迪尔比耶,汉森. 结构风荷载作用[M]. 薛素铎,等译. 北京:中国建筑工业出版社,2006.

[4] 张相庭. 结构风压与风振计算[M]. 上海:同济大学出版社,1985.

[5] 谢壮宁,顾明,倪振华. 复杂测压管路系统动态特性的通用分析程序[J]. 同济大学学报(自然科学版),2003,31(6):702 - 708.

[6] Holmes J D. Wind loading of structures [M]. London:Taylor & Francis,2007.

[7] 马文勇,刘庆宽,刘小兵,等. 风洞试验中测压管路信号畸变及修正研究[J]. 实验流体力学,2013,27(4):71 - 77.

[8] 蔡亦钢. 流体传输管道动力学[M]. 杭州:浙江大学出版社,1990.

[9] Kareem A,Cheng C M,Lu P C. Pressure and force fluctuations on isolated circular cylinders of finite height in boundary layer flows [J]. Journal Fluids and Structures,1989,13(5):481 - 508.

[10] Holmes J D. Analysis and synthesis of pressure fluctuations on bluff bodies using eigenvectors [J]. Journal of Wind Engineering and Industrial Aerodynamics,1990,33(1 - 2):219 - 230.

[11] Holmes J D, Sankaran R, Kwok K C S, et al. Eigenvector modes of fluctuating pressures on low – rise building models [J]. Journal of Wind Engineering and Industrial Aerodynamics, 1997, 69(97):697 – 707.

[12] 倪振华,江棹荣,谢壮宁,等. 本征正交分解技术及其在预测屋盖风压场中的应用[J]. 振动工程学报, 2007, 20(1):1 – 8.

[13] Bienkiewicz B, Tamura Y, Ham H J, et al. Proper orthogonal decomposition and reconstruction of multi – channel roof pressure [J]. Journal of Wind Engineering and Industrial Aerodynamics, 1995, 54 – 55(2):369 – 381.

[14] 李方慧,倪振华,沈世钊,等. POD 原理解析及在结构风工程中的几点应用[J]. 振动与冲击, 2009, 28(4):29 – 32.

[15] 李方慧. 大跨屋盖结构实用抗风设计[M]. 哈尔滨:黑龙江大学出版社, 2008.

[16] Carassale L, Piccardo G, Solari G. Double Modal Transformation and Wind Engineering Applications [J]. Journal of Engineering Mechanics, 2001, 127(5):432 – 439.

[17] Carassale L, Piccardo G, Solari G. Wind response of structures by double modal transformation [C], Proceedings of the 2nd East – European Conference on Wind Engineering, Prague, 1998.

[18] Holmes J D. Wind action on glass and Brown's integral[J]. Engineering Structures, 1985, 7(4):226 – 230.

[19] Gioffre M, Grigoriu M, Kasperski M, et al. Wind – induced peak bending moments in low – rise building frames[J]. Journal of Engineering Mechanics, 1999, 126(8):879 – 881.

[20] 孙瑛,武岳,林志兴,等. 大跨屋盖结构风压脉动的非高斯特性[J]. 土木工程学报, 2007, 40(4):1 – 5.

[21] 楼文娟,李进晓,沈国辉,等. 超高层建筑脉动风压的非高斯特性[J]. 浙江大学学报(工学版), 2011, 45(4):671 – 677.

[22] Kasperski M. Specification and codification of design wind loads[D]. Department of Civil Engineering, Ruhr University Bochum, 2000.

[23] Holmes J D, Cochran L S. Probability distributions of extreme pressure coefficients[J]. Journal of Wind Engineering & Industrial Aerodynamics, 2003, 91(7):893 – 901.

[24] Sadek F, Simiu E. Peak Non – Gaussian Wind Effects for Database – Assisted Low – Rise Building Design [J]. Journal of Engineering Mechanics, 2002, 128(5):530 – 539.

[25] 全涌,顾明,陈斌,等. 非高斯风压的极值计算方法[J]. 力学学报, 2010, 42(3):560 – 566.

[26] Tieleman H W, Ge Z, Hajj M R. Theoretically estimated peak wind loads[J]. Journal of Wind Engineering & Industrial Aerodynamics, 2007, 95(2):113 – 132.

[27] 王飞,全涌,顾明. 基于广义极值理论的非高斯风压极值计算方法[J]. 工程力学, 2013, 30(2):44 – 49.

第 3 章　结构顺风向风致响应

建筑结构受到风荷载作用的响应包括平均分量的静态响应和脉动分量的动力响应。静态响应主要是由于来流的阻力作用所引起的结构变形及内力,动力响应则包括顺风向及横风向风振等。对于大部分建筑结构来说,顺风向风振响应一般占主导地位。建筑结构受到顺风向脉动风荷载的作用引起强迫随机振动,即为抖振,持续的抖振可引起结构疲劳损伤、局部受到破坏以及人类使用舒适性等问题。当抖振频率接近结构的自然振动频率时即发生共振,共振会进一步增大结构的挠曲变形以及疲劳损伤等。

目前对于结构风振响应分析主要是在频域进行,采用传统的模态叠加法。随着研究的不断发展,近年还出现了许多新的时域和频域分析方法,如虚拟激励法、基于 POD 的响应分析等。

3.1　风振响应的模态叠加法

3.1.1　分布质量体系

高耸建筑结构近似为悬臂梁体系,其振动位移方程可写为[1]

$$m(z)\frac{\partial^2 y}{\partial t^2} + c(z)\frac{\partial y}{\partial t} + \frac{\partial^2}{\partial z^2}\left(EI(z)\frac{\partial^2 y}{\partial z^2}\right) = p(z,t) \tag{3.1.1}$$

式中:$m(z)$ 为连续体竖向分布质量;$EI(z)$ 为抗弯刚度;$c(z)$ 为阻尼系数;$p(z,t)$ 为分布荷载。

设位移按振型可分解(变量分离)为

$$y(z,t) = \sum_j q_j(t)\phi_j(z) \tag{3.1.2}$$

式中:$q_j(t)$ 为 j 阶广义位移坐标;$\phi_j(z)$ 为 j 阶振型。

把式(3.1.2)代入到式(3.1.1),并利用振型正交性可得 j 阶运动方程为

$$\ddot{q}_j + 2\zeta_j\omega_j\dot{q}_j + \omega_j^2 q_j = \frac{f_j(t)}{m_j} \tag{3.1.3}$$

式中:m_j 为广义质量，$m_j = \int_0^H m(z)\phi_j^2(z)\mathrm{d}z$；$\zeta_j$ 为 j 阶阻尼比；ω_j 为 j 阶固有圆频率；$f_j(t)$ 为广义力，$f_j(t) = \int_0^H p(z,t)\phi_j(z)\mathrm{d}z$，$H$ 为结构高度。

式(3.1.3)为按振型分解的 j 阶单自由度运动方程,根据随机振动理论可知第 j 阶广义位移响应谱计算为[2]

$$S_{qj}(n) = \frac{1}{k_j^2}|H_j(n)|^2 S_{fj}(n) \tag{3.1.4}$$

式中:$k_j = m_j\omega_j^2$ 为 j 阶广义刚度；$S_{fj}(n)$ 为广义力谱,自变量 n 为频率；$H_j(n)$ 为 j 阶频率响应函数或机械导纳,其表达式为

$$H_j(n) = \frac{1}{1 - (n/n_j)^2 + \mathrm{i}\cdot 2\zeta_j(n/n_j)}$$

$$|H_j(n)|^2 = \frac{1}{[1-(n/n_j)^2]^2 + [2\zeta_j(n/n_j)]^2} \tag{3.1.5}$$

由式(3.1.2)计算振动位移响应谱为

$$S_y(z,n) = \sum_j\sum_i S_{qjqi}(n)\cdot\phi_j(z)\phi_i(z) \tag{3.1.6}$$

式中:$S_{qjqi}(n)$ 为 i 阶和 j 阶广义位移互功率谱。设 $S_{fjfi}(n)$ 为 i 阶和 j 阶广义力互功率谱,则广义位移互功率谱计算为

$$S_{qjqi}(n) = \frac{1}{k_j k_i}H_j^*(n)S_{fjfi}(n)H_i(n) \tag{3.1.7}$$

此处 $H_j^*(n)$ 为 $H_j(n)$ 的共轭。

式(3.1.6)计算中考虑了模态间的耦合交叉项,称为完全二次型组合(Complete Quadratic Combination, CQC)法。模态耦合交叉项一般较小,若忽略其则称为平方和开方(Square Root Sum of Square, SRSS)法,式(3.1.6)即变为

$$S_y(z,n) = \sum_j S_{qj}(n)\cdot\phi_j^2(z) \tag{3.1.8}$$

由功率谱密度函数频域积分可得位移响应方差为

$$\sigma_y^2(z) = \sum_j\sigma_{qj}^2\cdot\phi_j^2(z) \tag{3.1.9}$$

若 $A_j(z)$ 表示第 j 个模态坐标下的某种响应函数,或者说 $A_j(z)$ 为第 j 个振型上的惯性力 $m(z)\omega_j^2\phi_j(z)$ 所引起的某种响应 r,此时把式(3.1.2)改写为[1]

$$r(z,t) = \sum_j q_j(t)A_j(z) \tag{3.1.10}$$

于是类似于式(3.1.9)可得响应 r 的方差为

$$\sigma_r^2(z) \;=\; \sum_j \sigma_{qj}^2 \cdot A_j^2(z) \tag{3.1.11}$$

其中,$\sigma_r^2(z)$ 即为所求的某种响应方差。

在高层建筑结构风振响应分析中,常把响应方差积分计算分为背景分量和共振分量两个部分的近似和[3]。由式(3.1.11)得

$$\sigma_r^2(z) \;=\; \sum_j \sigma_{qj}^2 \cdot A_j^2(z) \;=\; \int_0^\infty \sum_j S_{qj}(n) \cdot A_j^2(z)\,\mathrm{d}n$$

$$=\; \sum_j \frac{A_j^2(z)}{k_j^2} \int_0^\infty |H_j(n)|^2 S_{fj}(n)\,\mathrm{d}n \;=\; \sigma_B^2 + \sigma_R^2 \tag{3.1.12}$$

其中,

σ_B^2 为背景响应方差:

$$\sigma_B^2 \;=\; \sum_j \frac{A_j^2(z)}{k_j^2} \int_0^\infty S_{fj}(n)\,\mathrm{d}n \;=\; \sum_j \frac{A_j^2(z) \cdot \sigma_{fj}^2}{k_j^2} \tag{3.1.13}$$

σ_R^2 为共振响应方差:

$$\sigma_R^2 \;=\; \sum_j \frac{A_j^2(z) S_{fj}(n_j)}{k_j^2} \int_0^\infty |H_j(n)|^2 \,\mathrm{d}n \;=\; \sum_j \frac{A_j^2(z) S_{fj}(n_j)}{k_j^2} \cdot \frac{\pi n_j}{4\zeta_j}$$

$$\tag{3.1.14}$$

式中:$n_j = \omega_j/(2\pi)$ 为 j 阶固有频率。

3.1.2　多自由度体系

利用计算机进行结构动力学数值计算,需要对分布连续体系进行有限元离散,离散后的系统就成为多自由度系统。结构振动多自由度系统的运动方程可用矩阵形式表示为

$$\boldsymbol{M} \cdot \ddot{\boldsymbol{y}} + \boldsymbol{C} \cdot \dot{\boldsymbol{y}} + \boldsymbol{K} \cdot \boldsymbol{y} = \boldsymbol{R} \cdot \boldsymbol{P}(t) \tag{3.1.15}$$

式中:$\boldsymbol{M},\boldsymbol{C},\boldsymbol{K}$ 分别为质量矩阵、阻尼矩阵和刚度矩阵,均为 $n \times n$ 阶,表示为 n 个自由度系统;$\boldsymbol{P}(t)$ 为 s 阶随机荷载列向量,$\boldsymbol{P}(t) = [p_1(t), p_2(t), \cdots, p_s(t)]^{\mathrm{T}}$;$\boldsymbol{R}$ 为 $n \times s$ 的荷载分配矩阵。

通过系统特征分析可获得结构模态振型,于是位移响应按如下振型组合:

$$\boldsymbol{y}(t) = \boldsymbol{\varPhi} \cdot \boldsymbol{q}(t) \tag{3.1.16}$$

式中:$q(t)$ 为 m 个广义坐标;$\boldsymbol{\varPhi}$ 为 $n \times m$ 阶振型矩阵,$\boldsymbol{\varPhi} = [\boldsymbol{\phi}_1, \boldsymbol{\phi}_2, \cdots, \boldsymbol{\phi}_m]$,$\boldsymbol{\phi}_j$ 为 j 阶的振型向量。此处 $m \leqslant n, m < n$ 表示对系统模态阶数的缩减。

把式(3.1.16)代入到式(3.1.15),并把等式两边左乘 $\boldsymbol{\varPhi}^{\mathrm{T}}$ 得

$$\boldsymbol{\Phi}^{\mathrm{T}}\boldsymbol{M}\boldsymbol{\Phi} \cdot \ddot{q} + \boldsymbol{\Phi}^{\mathrm{T}}\boldsymbol{C}\boldsymbol{\Phi} \cdot \dot{q} + \boldsymbol{\Phi}^{\mathrm{T}}\boldsymbol{K}\boldsymbol{\Phi} \cdot q = \boldsymbol{\Phi}^{\mathrm{T}}\boldsymbol{R} \cdot \boldsymbol{P}(t) \qquad (3.1.17)$$

根据振型正交性并假设系统为 Rayleigh 阻尼[4]，则有

$$\boldsymbol{\Phi}^{\mathrm{T}}\boldsymbol{M}\boldsymbol{\Phi} = \boldsymbol{M}_r$$

$$\boldsymbol{\Phi}^{\mathrm{T}}\boldsymbol{C}\boldsymbol{\Phi} = \boldsymbol{C}_r$$

$$\boldsymbol{\Phi}^{\mathrm{T}}\boldsymbol{K}\boldsymbol{\Phi} = \boldsymbol{K}_r \qquad (3.1.18)$$

$$\boldsymbol{\Phi}^{\mathrm{T}}\boldsymbol{R}\boldsymbol{P}(t) = \boldsymbol{F}(t)$$

式中：$\boldsymbol{F}(t)$ 为广义荷载，$\boldsymbol{F}(t) = [f_1(t), f_2(t), \cdots, f_m(t)]^{\mathrm{T}}$；$\boldsymbol{M}_r, \boldsymbol{C}_r, \boldsymbol{K}_r$ 分别为广义质量矩阵、广义阻尼矩阵和广义刚度矩阵，均为 n 阶对角阵，则

$$\boldsymbol{M}_r \ddot{q} + \boldsymbol{C}_r \dot{q} + \boldsymbol{K}_r q = \boldsymbol{F}(t) \qquad (3.1.19)$$

把式(3.1.19)展开为分量形式，则原运动方程分解为以下 m 个单自由度方程：

$$m_r \ddot{q}_r + c_r \dot{q}_r + k_r q = f_r(t) \quad (r = 1, 2, \cdots, m) \qquad (3.1.20)$$

式中：m_r, c_r, k_r 分别为 $\boldsymbol{M}_r, \boldsymbol{C}_r, \boldsymbol{K}_r$ 的第 r 个对角元。根据模态质量与模态刚度及模态阻尼的关系，$\omega_r^2 = k_r/m_r$ 为 r 阶模态频率，$\zeta_r = c_r/(2m_r\omega_r)$ 为 r 阶模态阻尼比，则式(3.1.20)可进一步写为

$$\ddot{q}_r + 2\zeta_r\omega_r \dot{q}_r + \omega_r^2 q = \frac{f_r(t)}{m_r} \quad (r = 1, 2, \cdots, m) \qquad (3.1.21)$$

式(3.1.21)与式(3.1.3)完全相同，因此其 r 阶频响函数 $H_r(n)$ 即为式(3.1.5)。设各阶频响函数组成的系统频响函数矩阵为

$$\boldsymbol{H}(n) = \mathrm{diag}\left(\frac{1}{k_1}H_1(n), \frac{1}{k_2}H_2(n), \cdots, \frac{1}{k_m}H_m(n)\right) \qquad (3.1.22)$$

此处 $\mathrm{diag}(\cdots)$ 表示对角矩阵。根据结构随机振动经典理论，式(3.1.19)表示的多自由度系统响应谱矩阵计算为[2]

$$\boldsymbol{S}_{qq} = \boldsymbol{H}^*(n) \cdot \boldsymbol{S}_{FF}(n) \cdot \boldsymbol{H}^{\mathrm{T}}(n) \qquad (3.1.23)$$

式中：$\boldsymbol{S}_{qq}(n)$ 为广义位移响应谱矩阵；$\boldsymbol{S}_{FF}(n)$ 为广义力谱矩阵，其计算式为

$$\boldsymbol{S}_{FF}(n) = \boldsymbol{\Phi}^{\mathrm{T}} \cdot \boldsymbol{R} \cdot \boldsymbol{S}_{PP}(n) \cdot \boldsymbol{R}^{\mathrm{T}} \cdot \boldsymbol{\Phi} \qquad (3.1.24)$$

式中：$\boldsymbol{S}_{PP}(n)$ 为随机荷载谱矩阵，脉动风荷载谱可按式(2.2.18)来计算。

由式(3.1.16)可知系统位移响应谱矩阵计算为

$$\boldsymbol{S}_{yy}(n) = \boldsymbol{\Phi} \cdot \boldsymbol{S}_{qq}(n) \cdot \boldsymbol{\Phi}^{\mathrm{T}} \qquad (3.1.25)$$

于是综合以上式(3.1.23)~式(3.1.25)，得系统位移响应谱矩阵最终计算式为

$$S_{yy}(n) = \boldsymbol{\Phi} \cdot \boldsymbol{H}^*(n) \cdot \boldsymbol{\Phi}^{\mathrm{T}} \cdot \boldsymbol{R} \cdot S_{PP}(n) \cdot \boldsymbol{R}^{\mathrm{T}} \cdot \boldsymbol{\Phi} \cdot \boldsymbol{H}(n) \cdot \boldsymbol{\Phi}^{\mathrm{T}}$$

$$(3.1.26)$$

位移响应谱矩阵 $S_{yy}(n)$ 为 $n \times n$ 阶矩阵,对角元为各响应点位移自谱的 CQC 法计算结果。若不考虑 $S_{qq}(n)$ 的交叉影响项则得到 SRSS 法计算结果,并可计算类似于式(3.1.13)和式(3.1.14)的背景响应和共振响应分量。

根据位移谱与加速度谱的频域关系,结构加速度响应谱计算为

$$\boldsymbol{S}_{\ddot{y}\ddot{y}}(n) = (2\pi n)^4 \cdot \boldsymbol{S}_{yy}(n) \qquad (3.1.27)$$

类似式(3.1.10),可以把式(3.1.25)写成更广泛的形式。设 A 为惯性力所引起的某种响应:

$$\boldsymbol{A} = \boldsymbol{I} \cdot \boldsymbol{M} \cdot \boldsymbol{\Phi} \cdot \boldsymbol{\Lambda} \qquad (3.1.28)$$

其中: $\boldsymbol{\Lambda} = \mathrm{diag}(\omega_1^2, \omega_2^2, \cdots, \omega_m^2)$; $\boldsymbol{I}$ 为影响系数矩阵,为 $n \times n$ 阶的矩阵,其第 r 行为结构振动惯性力在位置 r 处所引起的响应[1, 5]。

类似式(3.1.16),任意响应 r 可表示为

$$r(t) = \boldsymbol{A} \cdot q(t) \qquad (3.1.29)$$

于是得到任意响应谱矩阵为

$$\boldsymbol{S}_{rr}(n) = \boldsymbol{A} \cdot \boldsymbol{S}_{qq}(n) \cdot \boldsymbol{A}^{\mathrm{T}} = \boldsymbol{A}\boldsymbol{H}^*(n)\boldsymbol{\Phi}^{\mathrm{T}}\boldsymbol{R} \cdot \boldsymbol{S}_{PP}(n) \cdot \boldsymbol{R}^{\mathrm{T}}\boldsymbol{\Phi}\boldsymbol{H}(n)\boldsymbol{A}^{\mathrm{T}}$$

$$(3.1.30)$$

一般结构响应分析中并不需要计算整个响应谱矩阵,而只需要得到各响应点的自功率谱,即 $S_{rr}(n)$ 的对角元即可。

在以上式子中引入的影响函数或影响系数矩阵是结构风致响应计算中非常重要的参数,利用不同影响函数可计算结构的不同响应分量,而在形式上保持一致。如位移响应的影响系数矩阵可取为[6]

$$\boldsymbol{I} = \boldsymbol{\Phi} \cdot \boldsymbol{K}_r^{-1} \cdot \boldsymbol{\Phi}^{\mathrm{T}} \qquad (3.1.31)$$

$\boldsymbol{I}$ 实际就是柔度矩阵,此处采用了模态振型来表示,其第 r 行即结构第 r 高度处位移响应的影响系数。

计算剪力或扭矩时的影响函数为

$$i(z_r, z) = \begin{cases} 1 & z \geq z_r \\ 0 & z < z_r \end{cases} \qquad (3.1.32)$$

计算弯矩时的影响函数为

$$i(z_r, z) = \begin{cases} z - z_r & z \geq z_r \\ 0 & z < z_r \end{cases} \qquad (3.1.33)$$

式中：$i(z_r, z)$ 为沿高度 z 作用的荷载引起在 z_r 处的响应。

由响应谱矩阵的对角元得到各响应点自谱，由响应自谱的频域积分即可得到相应的响应方差：

$$\sigma_j^2 = \int_0^\infty S_j(n)\,\mathrm{d}n \quad (j = 1,2,\cdots,n) \tag{3.1.34}$$

3.1.3 计算程序

计算程序主要包括三个部分：①由系统输入荷载谱计算广义荷载谱及荷载协方差矩阵；②计算广义位移谱及其协方差矩阵；③计算系统响应，包括响应自谱及响应方差（采用 CQC 及 SRSS），另外给出了计算响应的背景分量和共振分量子程序。响应计算采用影响系数矩阵，根据不同输入参数得到不同响应类型。另外附录 A 中给出了利用广义位移协方差矩阵直接计算响应方差的子程序，略去计算响应谱，可减少计算量和数据存储量。

程序输入参数主要包括系统模态参数 ModalPara 结构体变量、频域计算参数 FreqPara 结构体变量以及影响系数参数 Ipara 结构体变量，结构体变量域参见程序中注释。计算程序列出如下：

（1）由系统输入荷载谱计算广义荷载谱及荷载的协方差矩阵：

```
1   function [Sgf,Inw] = genf_mod(Spw,Rm,ModalPara,FreqPara)
2   % 广义荷载谱及荷载协方差矩阵
3   % 激励荷载功率谱矩阵(元胞数组)Spw
4   % 荷载分布指示矩阵 Rm
5   % 模态参数 ModalPara
6   % 频域参数 FreqPara
7   %
8   Q = ModalPara.Q;    %   振型
9   Nfft = FreqPara.Nfft;
10  Fs = FreqPara.Fs;   %   频率
11  N2 = fix(Nfft/2);
12  df = Fs/Nfft;
13  % 脉动荷载谱
14  if isscalar(Rm), Sp = Spw;
15  else
16      [r, p] = size(Rm);
17      for ii = 1:r
18      for jj = 1:r
```

```matlab
19        Sp{ii,jj} = zeros(N2,1); % 初始化
20      end
21      end
22      for ki = 1 : p
23      for kj = 1 : p
24          Pxx = Spw{ki,kj};
25          Rij = Rm(:,ki)* Rm(:,kj)';
26          for ii = 1: r
27          for jj = 1: r
28              Sp{ii,jj} = Sp{ii,jj} +Rij(ii,jj)* Pxx;
29          end
30          end
31      end
32      end
33    end
34    [n, m] = size(Q);
35    % 脉动荷载协方差
36    for i = 1: n
37    for j = 1: i
38        Inw(i,j) = sum(Sp{i,j}) * df;
39        Inw(j,i) = conj(Inw(i,j));
40    end
41    end
42    % 广义力谱
43    for ii = 1: m
44    for jj = 1: m
45        Sgf{ii,jj} = zeros(N2,1); % 初始化
46    end
47    end
48    for ki = 1 : n
49    for kj = 1 : n
50        Pxx = Sp{ki,kj};
51        Qij = Q(ki,:)' * Q(kj,:);
52        for ii = 1: m
53        for jj = 1: m
54            Sgf{ii,jj} = Sgf{ii,jj} + Qij(ii,jj)* Pxx ;
```

```
55        end
56        end
57    end
58    end
59    return
```

（2）计算广义位移谱及其协方差矩阵：

```
1    function [Sgq, Inq] = genq_mod(Sgf, ModalPara, FreqPara)
2    %  广义位移谱及广义位移协方差阵
3    %  广义力谱 Sgf
4    %  模态参数 ModalPara
5    %  频域参数 FreqPara
6    %
7    Q = ModalPara.Q;           %   振型
8    Mr = ModalPara.Mr;         %   广义质量
9    Omg = ModalPara.Omg;       %   固有频率
10   Ksi = ModalPara.Ksi;      %   阻尼比
11   %  频域参数
12   Nfft = FreqPara.Nfft;
13   Fs = FreqPara.Fs;
14   N2 = fix(Nfft/2);
15   wf = (1:N2)'/Nfft * Fs * 2* pi;
16   df = Fs/Nfft;
17   %  模态阶数
18   m = size(Q,2);
19   %  机械导纳
20   for k = 1: m
21       H{k}=1. / (Mr(k)* (Omg(k)^2 - wf.^2 + 2i* Ksi(k)* Omg(k)* wf));
22   end
23   %  广义位移谱/协方差
24   for ki = 1: m
25   for kj = 1: ki
26       Sgq{ki,kj} = H{ki}.* conj(H{kj}).* Sgf{ki,kj};
27       Sgq{kj,ki} = conj(Sgq{ki,kj});
28       Inq(ki,kj) = sum(Sgq{ki,kj})* df;
29       Inq(kj,ki) = conj(Inq(ki,kj));
```

```
30  end
31  end
32  return
```

（3）计算系统响应谱及响应方差：

```
1   function [rsp, stcqc, stsrss] = rsp_mod( Sgq, …
2                                ModalPara, FreqPara, Ipara )
3   %  结构响应谱计算—模态叠加法   CQC vs SRSS
4   %  广义位移谱 Sgq
5   %  模态参数 ModalPara
6   %  频域参数 FreqPara
7   %  影响系数参数 Ipara
8   %
9   Q = ModalPara.Q;
10  M = ModalPara.M;
11  Omg = ModalPara.Omg;
12  Kr = ModalPara.Kr;
13  %  频域参数
14  Nfft = FreqPara.Nfft;
15  Fs = FreqPara.Fs;
16  N2 = fix(Nfft/2);
17  df = Fs/Nfft ;
18  %  影响系数矩阵
19  Ix = Infun(Q, Kr, Ipara);
20  %  广义响应模态
21  Dw = diag(Omg.* Omg);
22  Am = Ix* M* Q* Dw;
23  %  初始化响应谱
24  [n, m] = size(Am);
25  rsp = zeros(N2,n);
26  rsp_srss = zeros(N2,n);
27  for i = 1:n
28  for j = 1:m
29  for k = 1:m
30      rsp(:,i) = rsp(:,i) + Am(i,j)* Sgq{j,k}* Am(i,k); % CQC
31      if(j == k),  % SRSS
```

```
32        rsp_srss(:,i) = rsp_srss(:,i) + Am(i,j)* Sgq{j,k}* Am(i,k);
33     end
34  end
35  end
36  end
37  % 响应根方差(响应谱积分)
38  vrcqc = sum(rsp)* df;    % CQC
39  stcqc = real(sqrt(vrcqc))';
40  vrsrss = sum(rsp_srss)* df;    % SRSS
41  stsrss = real(sqrt(vrsrss))';
42  return
```

(4) 计算响应的背景分量和共振分量:

```
1   function [rr, br] = br_mod( Sgf, ModalPara, FreqPara, Ipara)
2   % 响应的共振分量/背景分量根方差
3   % 广义力谱 Sgf
4   % 模态参数 ModalPara
5   % 频域参数 FreqPara
6   % 影响系数参数 Ipara
7   %
8   Nfft = FreqPara.Nfft;
9   Fs = FreqPara.Fs;
10  N2 = fix(Nfft/2);
11  df = Fs/Nfft;
12  wf = (1:N2)' * df * 2* pi;
13  % 模态参数
14  Q = ModalPara.Q;
15  M = ModalPara.M;
16  Omg = ModalPara.Omg;
17  Ksi = ModalPara.Ksi;
18  Kr = ModalPara.Kr;
19  % 影响系数矩阵
20  Ix = Infun( Q, Kr, Ipara);
21  % 广义响应模态
22  Dw = diag(Omg.* Omg);
23  Am = Ix * M * Q * Dw;
```

```
24  %  共振响应
25  n = size(Q,2);
26  for i = 1: n
27      isf =  interp1(wf, Sgf{i,i}, Omg(i));
28      vrq(i) = isf * Omg(i)/(8 * Kr(i)^2 * Ksi(i));
29  end
30  vrr = sum(Am.* Am * diag(vrq),2);  %  方差
31  rr = real(sqrt(vrr));
32  %  背景响应
33  for i = 1: n
34      gK(i) = Kr(i)* Kr(i);
35      vbq(i) = sum(Sgf{i,i}) * df;
36  end
37  vbr = sum(Am.* Am * diag(vbq./ gK), 2);  %  方差
38  br = real(sqrt(vbr));
39  return
```

（5）影响系数矩阵：

```
1   function Ix = Infun( Q, Kr, Ipara)
2   %  影响系数矩阵
3   %  振型矩阵 Q
4   %  广义刚度矩阵 Kr
5   %  响应类型 Ipara. flg
6   %  节点(质点)高度(自上至下)Ipara. z
7   %
8   Z = Ipara. z;
9   Z = Z(:)';
10  n = length(Z);
11  Flg = Ipara. flg;
12  iKr = diag(1./Kr);   %  对角阵
13  switch Flg,
14      case 1    %  位移响应分布
15          Ix = Q * iKr * Q';
16      case 2    %  弯矩响应分布
17          Z0 = [Z(2: n), 0];
18          for k = 1: n
```

```
19              fl = Z - Z0(k);  fl(fl<0) = 0;
20              Ix(k,:) = fl;
21          end
22      case 3    %    剪力响应分布
23          for k = 1:n
24              Ix(k,:) = [ones(1,k), zeros(1,n-k)];
25          end
26  %    关键点最大响应—等效静风荷载
27      case 11    %    顶部位移
28          Ix = Q(1,:) * iKr * Q';
29      case 12    %    基底弯矩
30          Ix = Z ;
31      case 13    %    基底剪力
32          Ix = ones(1, size(Q,1));
33      otherwise
34  end
35  return
```

3.2 风振响应的频域计算

多自由度系统如式(3.1.15),其任意响应按振型分解如式(3.1.29)。现把式(3.1.29)两边进行傅里叶变换得

$$Y(\omega) = A \cdot Q(\omega) \tag{3.2.1}$$

式中:$Y(\omega)$为响应的频谱函数;$Q(\omega)$为广义位移的频谱函数。为求$Q(\omega)$,把式(3.1.19)两边同样进行傅里叶变换得

$$[-\omega^2 M_r + i\omega C_r + K_r] \cdot Q(\omega) = F(\omega) \tag{3.2.2}$$

式中:$F(\omega)$为广义力的频谱函数,$F(\omega) = \Phi^T R P(\omega)$;$P(\omega)$为外加荷载$P(t)$的频域表示。上式中频域自变量$\omega = 2\pi n$为圆频率,也可以用频率$n$表示。于是有

$$Q(\omega) = [-\omega^2 M_r + i\omega C_r + K_r]^{-1} \cdot F(\omega) = H(\omega) \cdot F(\omega) \tag{3.2.3}$$

或

$$Q(n) = H(n) \cdot F(n) = H(n) \cdot \Phi^T \cdot R \cdot P(n) \tag{3.2.4}$$

式中:$H(n)$为系统频响函数矩阵,同式(3.1.22)。

由式(3.2.1)及式(3.2.4),得响应在频域的计算式为

$$Y(n) = A \cdot H(n) \cdot \boldsymbol{\Phi}^{\mathrm{T}} \cdot \boldsymbol{R} \cdot \boldsymbol{P}(n) \tag{3.2.5}$$

对于随机荷载引起的结构随机振动,需要采用概率统计方法进行描述,在频域最重要的是功率谱分析。平稳随机过程功率谱密度函数定义为[7]

$$S_x(n) = \lim_{T_0 \to \infty} \frac{|X(n)|^2}{T_0} = \lim_{T_0 \to \infty} \frac{X^*(n) \cdot X^{\mathrm{T}}(n)}{T_0} \tag{3.2.6}$$

式中:T_0 为时间;$X(n)$ 为脉动量 $x(t)$ 在 T_0 内的傅里叶变换。于是由式(3.2.5)计算得响应功率谱密度函数矩阵为

$$S_{rr}(n) = Y^*(n) Y^{\mathrm{T}}(n) = A H^*(n) \boldsymbol{\Phi}^{\mathrm{T}} \boldsymbol{R} \cdot \boldsymbol{P}^*(n) \boldsymbol{P}^{\mathrm{T}}(n) \cdot \boldsymbol{R}^{\mathrm{T}} \boldsymbol{\Phi} H^{\mathrm{T}}(n) A^{\mathrm{T}}$$

$$= A \cdot H^*(n) \cdot \boldsymbol{\Phi}^{\mathrm{T}} \cdot \boldsymbol{R} \cdot S_{PP}(n) \cdot \boldsymbol{R}^{\mathrm{T}} \cdot \boldsymbol{\Phi} \cdot H(n) \cdot A^{\mathrm{T}} \tag{3.2.7}$$

由式(3.2.7)与式(3.1.30)可见,采用频域法计算响应功率谱结果与模态叠加法计算结果完全一致。但要指出的是,实际功率谱估计一般要采用相关函数法、平均周期图法等多种统计方法,利用频谱直接计算功率谱的误差会较大。另外以上频域计算荷载谱矩阵 $S_{PP}(n)$ 时,并没有考虑荷载间的相关性,或者认为各荷载之间是完全相关的,这与实际风荷载分布情况有差别。

风振响应频域法计算程序如下:

```
1  function [rsp,rstd] = rsp_ft(Fw, Rm, ModalPara, …
2                                FreqPara, Ipara)
3  %  结构响应谱计算—频域直接法
4  %  激励荷载频谱 Fw
5  %  荷载分布指示矩阵 Rm
6  %  模态参数 ModalPara
7  %  频域参数 FreqPara
8  %  影响系数参数 Ipara
9  %
10  Q = ModalPara.Q;
11  Mr = ModalPara.Mr;
12  M = ModalPara.M;
13  Omg = ModalPara.Omg;
14  Kr = ModalPara.Kr;
15  Ksi = ModalPara.Ksi;
16  %
17  Nfft = FreqPara.Nfft;
18  Fs = FreqPara.Fs;
19  N2 = fix(Nfft/2);
20  wf = (1:N2)/Nfft * Fs * 2* pi;
```

```
21   df = Fs/Nfft;
22   % 影响系数矩阵
23   Ix = Infun(Q, Kr, Ipara);
24   % 响应模态
25   Dw = diag(Omg.* Omg);
26   Am = Ix* M* Q* Dw;
27   % 广义力谱
28   Fw = Q' * Rm * Fw;
29   rsp = zeros(size(Fw));
30   % 模态阶数
31   m = size(Q,2);
32   % 广义位移谱
33   for k = 1: m
34       Hk = 1./(Mr(k)* (Omg(k)^2 - wf.^2 + 2i* Ksi(k)* …
35           Omg(k)* wf));
36       rsp(k,:) = Hk.* Fw(k,:);
37   end
38   % 响应自谱
39   rsp = Am * rsp;
40   rsp = rsp.* conj(rsp)/(N2* Fs);
41   % 响应方差
42   rstd = sum(rsp,2)* df;
43   rstd = sqrt(rstd);
44   return
```

3.3 风振响应的虚拟激励法

虚拟激励法(Pseudo Excitation Method, PEM)是由我国学者林家浩教授最早提出来的,现已被广泛应用于结构随机振动分析中。对于自然界的地震、风、浪等随机激励下的结构响应分析,虚拟激励法可大大提高计算效率,并且计算精度与传统的 CQC 法完全等价[8]。

设结构受随机荷载 $X(t)$ 作用下的互谱矩阵 $S_{XX}(n)$ 为

$$S_{XX}(n) = R \cdot S_{PP}(n) \cdot R^{\mathrm{T}} \qquad (3.3.1)$$

式中:R 为 $n \times s$ 的荷载分配矩阵;$S_{PP}(n)$ 为 $s \times s$ 的外荷载谱矩阵。对于脉动风荷载作用,$S_{PP}(n)$ 通常是正定的 Hermite 矩阵,则可以进行如下 Choleskey 分解:

$$S_{PP}(n) = L^* \cdot L^{\mathrm{T}} \tag{3.3.2}$$

其中 L 为 $s \times s$ 的下三角矩阵。于是可得到

$$S_{XX}(n) = R \cdot L^* \cdot (R \cdot L)^{\mathrm{T}} \tag{3.3.3}$$

令

$$F = R \cdot L \tag{3.3.4}$$

式中：F 为 $n \times s$ 阶矩阵。现以 F 的每个列向量 f_k 为幅值构造虚拟简谐激励，得到如下 s 个虚拟激励振动方程：

$$M \cdot \ddot{y} + C \cdot \dot{y} + K \cdot y = f_k \cdot \exp(\mathrm{i}\omega t) \quad (k = 1, 2, \cdots, s) \tag{3.3.5}$$

上式采用模态叠加法求解，设第 j 阶模态运动方程为

$$\ddot{q}_{jk} + 2\zeta_j \omega_j \dot{q}_{jk} + \omega_j^2 q_{jk} = \boldsymbol{\phi}_j^{\mathrm{T}} f_k \cdot \exp(\mathrm{i}\omega t) \tag{3.3.6}$$

于是得第 j 阶模态位移为

$$q_{jk} = \frac{1}{\omega_j^2 - \omega^2 + \mathrm{i}2\omega_j\zeta_j} \frac{\boldsymbol{\phi}_j^{\mathrm{T}} f_k}{m_j} \cdot \exp(\mathrm{i}\omega t) = H_j(n) \frac{\boldsymbol{\phi}_j^{\mathrm{T}} f_k}{k_j} \exp(\mathrm{i}\omega t) \tag{3.3.7}$$

根据式(3.1.29)可计算任意响应为

$$r_k(t) = \sum_{j=1}^{m} A_j H_j(n) \frac{\boldsymbol{\phi}_j^{\mathrm{T}} f_k}{k_j} \exp(\mathrm{i}\omega t) \tag{3.3.8}$$

其响应幅值为

$$Y_k = \sum_{j=1}^{m} A_j H_j(n) \frac{\boldsymbol{\phi}_j^{\mathrm{T}} f_k}{k_j} = A \cdot H(n) \cdot \boldsymbol{\Phi}^{\mathrm{T}} \cdot f_k \tag{3.3.9}$$

式中：A_j 为矩阵 A 的第 j 列；$H(n)$ 为系统频响函数矩阵；$\boldsymbol{\Phi}$ 为振型矩阵。

由以上，系统任意响应互谱矩阵可计算为

$$\begin{aligned}
S_{rr}(n) &= \sum_{k=1}^{s} Y_k^* \cdot Y_k^{\mathrm{T}} = \sum_{k=1}^{s} (AH(n)\boldsymbol{\Phi}^{\mathrm{T}} f_k)^* \cdot (AH(n)\boldsymbol{\Phi}^{\mathrm{T}} f_k)^{\mathrm{T}} \\
&= A \cdot H^*(n) \cdot \boldsymbol{\Phi}^{\mathrm{T}} \cdot \sum_{k=1}^{s} f_k^* f_k^{\mathrm{T}} \cdot \boldsymbol{\Phi} \cdot H(n) \cdot A^{\mathrm{T}} \\
&= A \cdot H^*(n) \cdot \boldsymbol{\Phi}^{\mathrm{T}} \cdot S_{XX}(n) \cdot \boldsymbol{\Phi} \cdot H(n) \cdot A^{\mathrm{T}} \\
&= A \cdot H^*(n) \cdot \boldsymbol{\Phi}^{\mathrm{T}} \cdot R \cdot S_{PP}(n) \cdot R^{\mathrm{T}} \cdot \boldsymbol{\Phi} \cdot H(n) \cdot A^{\mathrm{T}}
\end{aligned}$$

$$\tag{3.3.10}$$

式(3.3.10)与式(3.1.30)完全一致，可见虚拟激励法计算结果完全等价于模态叠加法的 CQC 计算结果。虽然式(3.2.7)在形式上也与上式完全一致，但意义是不一样的。由以上计算过程可见，式(3.3.10)响应谱计算中的荷载谱是

由 Choleskey 分解后得到,因此可以充分考虑荷载之间的空间相关性,代价是需要计算荷载谱矩阵每个频率点 Choleskey 分解,计算量有所增大,但最终虚拟激励法与模态叠加法的 CQC 完全等价。

如果系统外激励为已知的脉动风荷载场时间历程数据,则可先通过 POD 技术对风荷载场数据进行缩减,再利用虚拟激励法计算结构响应。这样一方面可减少数据存储量,另一方面可减小脉动风荷载谱矩阵规模,从而减少 Choleskey 分解的计算量,提高计算效率。

下面为虚拟激励法响应谱计算程序:

```
1   function [rsp,stcqc] = rsp_vf(Spw,Rm, ModalPara, …
2                                    FreqPara, Ipara)
3   % 结构响应谱计算—虚拟激励法
4   % 激励荷载功率谱矩阵(元胞矩阵)Spw
5   % 荷载分布指示矩阵 Rm
6   % 模态参数 ModalPara
7   % 频域参数 FreqPara
8   % 影响系数参数 Ipara
9   %
10  Nfft = FreqPara.Nfft;
11  Fs = FreqPara.Fs;
12  N2 = fix(Nfft/2);
13  df = Fs/Nfft;
14  % 初始化
15  nc = size(Spw,1);
16  for k = 1: nc
17      vf{k} = zeros(nc,N2);
18  end
19  % Chol 分解
20  for k = 1 : N2
21     for i = 1: nc
22     for j = 1: i
23         Sw(i,j) = Spw{i,j}(k);
24         Sw(j,i) = conj(Sw(i,j));
25     end
26     end
27     Hc = chol(Sw)';   % 下三角
28     for i = 1: nc
```

```
29          vf{i}(:,k) = Hc(:,i);
30      end
31  end
32  %  响应谱
33  p = size(ModalPara.Q, 1);
34  rsp = zeros(p, N2);
35  for k = 1: nc
36      rspf = rsp_ft(vf{k},Rm,ModalPara,FreqPara,Ipara);
37      rsp = rsp + rspf * N2* Fs;
38  end
39  %  响应方差
40  stcqc = sqrt( sum(rsp,2)* df );
41  return
```

3.4　静态响应

平均风荷载作用下的结构静态响应 r_a 计算为

$$r_a(z_r) = \int_0^H i(z_r,z) \cdot F_a(z) \cdot \mathrm{d}z = \int_0^H i(z_r,z) \cdot w_a(z)A(z) \cdot \mathrm{d}z \quad (3.4.1)$$

式中:$F_a(z) = w_a(z)A(z)$ 为作用在结构上 z 高度处平均风荷载;$w_a(z)$ 为平均风压;$A(z)$ 为有效迎风面积;H 为结构高度;$i(z_r,z)$ 为影响函数。

脉动风作用下的结构背景响应可认为是准静态响应:

$$r_B(z_r,t) = \int_0^H i(z_r,z) \cdot F(z,t) \cdot \mathrm{d}z \quad (3.4.2)$$

式中:$F(z,t)$ 为结构上 z 高度处脉动风荷载。根据上式得背景响应方差为

$$\sigma_B^2(z_r) = \int_0^H \int_0^H i(z_r,z_1) \cdot \overline{F(z_1,t)F(z_2,t)} \cdot i(z_r,z_2) \cdot \mathrm{d}z_1\mathrm{d}z_2$$

$$= \int_0^H \int_0^H i(z_r,z_1)C(z_1,z_2)i(z_r,z_2) \cdot \mathrm{d}z_1\mathrm{d}z_2 \quad (3.4.3)$$

式中:$C(z_1,z_2)$ 为脉动风荷载的协方差。

把式(3.4.3)双重积分离散化,写成矩阵形式为

$$\boldsymbol{\sigma}_B^2 = \boldsymbol{I} \cdot \boldsymbol{\sigma}_F^2 \cdot \boldsymbol{I}^{\mathrm{T}} \quad (3.4.4)$$

式中:$\boldsymbol{\sigma}_F^2$ 为荷载协方差矩阵;$\boldsymbol{I}$ 为影响系数矩阵。

式(3.4.3)、式(3.4.4)是基于影响函数计算的准静态响应,不同于式(3.1.13)采用的振型叠加法,一般认为是计算脉动风荷载背景响应的准确方

法,在计算背景等效风荷载时也将基于这一方法。

计算程序如下:

```
1  function sr = stati(wm, ModalPara, Ipara)
2  %  静态/准静态响应
3  %  平均荷载或脉动荷载协方差 wm
4  %  模态参数 ModalPara
5  %  影响系数参数 Ipara
6  %
7  Q = ModalPara.Q;
8  Kr = ModalPara.Kr;
9  %  影响系数
10  Ix = Infun(Q, Kr, Ipara);
11  %  平均响应
12  sr = Ix * wm;
13  %  背景响应
14  if size(wm,2) >1,
15      sr = sr * Ix';
16      sr = sqrt(diag(sr));
17  end
18  return
```

3.5 结构顺风向风致响应算例

3.5.1 算例1——风振响应谱

某等截面高耸钢结构,高度 $H = 100$m,质量均匀分布,分为五等分,各质点质量分别为 $m_1 = 10$t, $m_2 = m_3 = m_4 = m_5 = 20$t;迎风面等宽 $B = 10$m;抗弯刚度为 $EI = 1e5$MN $\cdot$ m^2;结构阻尼比取为 0.01;B 类地貌,基本风压为 $w_0 = 0.4$kPa。结构响应分析按荷载规范,采用 Davenport 脉动风速谱及 Shiotani 相干函数经验式,分别计算各节点的峰值位移及弯矩响应。

该算例来自于文献[9],文献中采用基于随机振动理论和当时规范方法进行风振响应计算。本文采用以上程序对该结构风振响应谱进行计算,为了便于与参考文献中的结果对比,在计算中采用了与当时规范一致的风压脉动系数(函数 muf0)及风压高度变化系数(函数 muz0)函数,具体程序参见附录。计算中的风速由基本风压换算得到,另外关于结构的动力特性计算可参见附录中相关程序。

以下给出算例 1 计算程序:

```
1   %  exam_3_1.m
2   %  频域参数
3   FreqPara.Nfft = 5000;
4   FreqPara.Fs = 50;
5   %  结构参数
6   H = 100; B = 10                          %  结构高/宽
7   dz = 20;                                 %  离散
8   z = [H: -dz: dz]';                       %  节点高度
9   dh = [10 20 20 20 20]';                  %  单元高度
10  mus = 1.3;                               %  体型(阻力)系数
11  %  风场参数
12  w0 = 0.4;                                %  基本风压 kPa
13  ABLtype = 'B';                           %  B 类地貌
14  WdPara.alfa = 0.16;                      %  剖面指数
15  WdPara.ur = sqrt(w0 * 1690);             %  参考风速
16  WdPara.zr = 10;                          %  参考高度
17  WdPara.z = z;
18  WdPara = pow_log(WdPara);
19  %  平均风荷载 N
20  wavg = w0* muz0(z,ABLtype).* mus.* B.* dh* 1e3;
21  %  脉动荷载根方差
22  wz = wavg.* muf0(z, ABLtype);
23  %  脉动风荷载谱
24  wptype.sp = 1;    %  Davenport 谱
25  wptype.coh = 2;   %  相关函数
26  Spw = Wsp(wz, WdPara,FreqPara,wptype, B);
27  %  结构模态参数
28  [M, K, Q, Dw] = modal_exam_3_1;
29  sel = 1:5;        %  参与模态
30  Q = Q(:,sel);
31  Omg = sqrt(diag(Dw));
32  Omg = Omg(sel);
33  ModalPara.Mr = diag(Q' * M * Q);
34  ModalPara.Kr = diag(Q' * K * Q);
35  ModalPara.Ksi = 0.01 * ones(size(Q,2));
```

```
36  ModalPara.M = M;
37  ModalPara.Q = Q;
38  ModalPara.Omg = Omg;
39  % 分步求解
40  % 广义力谱
41  Sgf = genf_mod(Spw,1,ModalPara,FreqPara);
42  % 广义位移谱
43  Sgq = genq_mod(Sgf,ModalPara,FreqPara);
44  % 影响函数
45  Ipara.flg = 1;  Ipara.z = [];  %  位移响应
46  % Ipara.flg = 2;  Ipara.z = z;  %  弯矩响应
47  % 模态叠加法 - 响应谱
48  [rsp1,cqc1,srs] = rsp_mod(Sgq,ModalPara,FreqPara,Ipara);
49  % 虚拟激励法 - 响应谱
50  [rsp2,cqc2] = rsp_vf(Spw,1,ModalPara,FreqPara,Ipara);
51  return
```

　　表3.1列出了脉动峰值响应计算结果的对比。由表可见,本书的计算结果与文献中给出的结果差异很小。另外通过以上计算还表明,采用模态叠加法与采用虚拟激励法的计算结果(响应谱及响应方差)完全相同,因此在以下说明中不特别区分哪种方法给出的结果。

表 3.1　算例 1 结构响应计算结果

节点号			1	2	3	4	5
位移/m	本书	CQC	1.011	0.732	0.465	0.232	0.064
		SRSS	1.012	0.732	0.464	0.231	0.0641
	文献[9]		—	1.019	0.737	0.467	0.233	0.065
	误差		—	−0.79%	−0.68%	−0.43%	−0.43%	−1.54%
弯矩/(MN·m)	本书	CQC	2.497	8.318	16.332	25.644	35.577
		SRSS	2.618	8.516	16.502	25.651	35.256
	文献[9]		—	2.43	8.38	16.6	25.8	35.4
	误差		—	2.76%	−0.75%	−1.61%	−0.60%	0.50%

　　图3.1和图3.2分别给出了部分节点(节点均指单元质点中心)的位移和弯矩响应谱计算结果。本算例的结构自振圆频率分别为3.453rad/s、20.73rad/s、55.95rad/s、104.44rad/s和153.02rad/s,模态频率较为稀疏。从图中可以看出,一阶基频对风振响应的贡献占主要地位,高阶模态贡献相对小。虽然本算例中计入了全部五阶模态,但由于高阶模态的影响很小,交叉模态影响可忽略,因此

采用 CQC 法与 SRSS 法的计算结果差异不大。实际上本算例采用一阶模态计算的精度已满足一般工程需要。

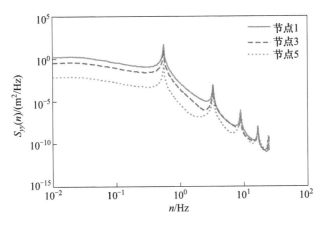

图 3.1　位移响应谱

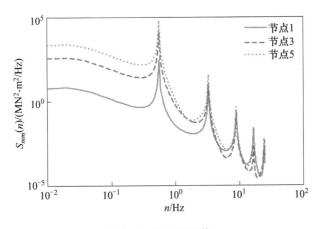

图 3.2　弯矩响应谱

3.5.2　算例 2——脉动响应根方差

某一高耸钢结构,等截面 $H = 90\text{m}$,迎风面宽度 $B = 10\text{m}$。根据要求,在三等分高度有不等的附加集中质量,其他质量可忽略:$m_1 = 2000\text{t}$, $m_2 = 20000\text{t}$, $m_3 = 4000\text{t}$;$E = 200\text{GPa}$, $I = 376\text{m}^4$;B 类地区,基本风压为 0.4kPa;体型系数为 1.3。求各点顺风向平均及脉动位移和弯矩。

本算例来自于参考文献[9 − 10]。以下采用现行规范中的有关风场计算参数,并以湍流度作为计算脉动风压参数,而不使用文献中的风压脉动系数。因此,本计算的结果为结构实际响应方差(不带保证系数)。

算例 2 计算程序如下：

```matlab
1   % exam_3_2.m
2   % 频域参数
3   FreqPara.Nfft = 5000;
4   FreqPara.Fs = 50;
5   % 结构参数
6   z = [90 60 30]';         % 节点高度
7   B = 10;                  % 结构宽
8   dh = [15 30 30]';        % 单元高度
9   mus = 1.3 * ones(size(z));     % 体型系数
10  % 风场参数
11  ABLtype = 'B';                  % B 类地貌
12  w0 = 0.40;                      % 基本风压 kPa
13  WdPara.ur = sqrt(w0 * 1690);  % 参考风速
14  WdPara.zr = 10;                 % 参考高度
15  WdPara.alfa = 0.15;             % 剖面指数
16  WdPara.z = z;
17  WdPara = pow_log(WdPara);
18  % 平均风荷载 N
19  wavg = w0 * dh .* B .* mus .* muz(z,ABLtype) * 1e3;
20  % 脉动荷载根方差
21  wz = wavg .* 2 .* Iuz(z, ABLtype);
22  % 脉动风荷载谱
23  wptype.sp = 1;     % Devaport 谱
24  wptype.coh = 2;    % 相关性
25  Spw = Wsp( wz, WdPara, FreqPara, wptype, B);
26  % 结构模态参数
27  [M, K, Q, Dw] = modal_exam_3_2;
28  Omg = sqrt(diag(Dw));
29  ModalPara.Mr = diag( Q' * M * Q);
30  ModalPara.Kr = ModalPara.Mr .* Omg.^2;
31  ModalPara.Ksi = 0.01 * ones(size(Q,2));
32  ModalPara.M = M;
33  ModalPara.Q = Q;
34  ModalPara.Omg = Omg;
35  % 分步求解
```

```
36  % 广义力谱
37  Rm = 1;
38  Sgf = genf_mod(Spw,Rm,ModalPara,FreqPara);
39  % 广义位移谱
40  [Sgq, Inq] = genq_mod(Sgf, ModalPara, FreqPara);
41  % 影响函数
42  % Ipara.flg = 1;  Ipara.z = [];     % 位移响应
43  % Ipara.flg = 2;  Ipara.z = z;      % 弯矩响应
44  Ipara.flg = 3;  Ipara.z = z;        % 剪力响应
45  % 脉动响应根方差
46  stdy_cqc = std_mod(Inq, ModalPara, Ipara);
47  % 平均响应
48  mr = stati(wavg, ModalPara, Ipara);
49  return
```

计算结果如下：

位移脉动响应根方差：$4.04e-4m, 2.25e-4m, 0.693e-4m$。

位移平均响应：$10.39e-4m, 5.73e-4m, 1.78e-4m$。

弯矩脉动响应根方差：$1.354MN \cdot m, 7.139MN \cdot m, 13.838MN \cdot m$。

弯矩平均响应：$4.52MN \cdot m, 17.06MN \cdot m, 36.1MN \cdot m$。

剪力脉动响应根方差：$45.13kN, 202.71kN, 227.70kN$。

剪力平均响应：$150.79kN, 417.82kN, 634.73kN$。

如果把以上的位移及弯矩脉动响应根方差乘以一保证系数(峰值因子)，根据关系式(2.2.14)，取为 1.82，则得到的峰值响应与参考文献中的结果就基本一致了。对比目前情况来看，以前规范中的峰值因子取值稍显偏小了。

3.5.3　算例3——PEM 与 POD 应用

高耸钢结构同算例1。本例首先采用数值模拟方法获得高耸结构所在区域的风场，然后利用模拟风场计算结构上的风荷载及风荷载谱矩阵，再以 PEM 法计算结构的位移及弯矩响应谱等，另外对比采用 POD 缩减脉动风荷载场数据的计算结果。

算例3 计算程序如下：

```
1  % exam_3_3.m
2  % 频域参数
3  Fs = 50;
4  Nfft = 5000;
```

```
5   FreqPara.T = 500;
6   FreqPara.Fs = Fs;
7   FreqPara.Nfft = Nfft;
8   N2 = fix(Nfft/2);
9   % 结构参数
10  H = 100;                 % 结构高度
11  dz = 20;                 % 离散
12  z = [H: -dz: dz]';           % 节点高度
13  dh = [10 20 20 20 20]';       % 单元高度
14  B = 10* ones(size(z));        % 结构宽度
15  mus = 1.3;                % 体型系数
16  % 风场参数
17  w0 = 0.4;                 % 基本风压 kPa
18  ABLtype = 'B';             % B 类地貌
19  WdPara.alfa = 0.16;         % 剖面指数
20  WdPara.ur = sqrt(w0 * 1690);   % 参考风速
21  WdPara.zr = 10;                % 参考高度
22  WdPara.z = z;
23  WdPara = pow_log(WdPara);
24  % 平均风荷载
25  wavg = w0* muz0(z, ABLtype).* mus.* B.* dh* 1e3;
26  % 脉动风荷载根方差
27  wz = wavg.* muf0(z, ABLtype);
28  % 脉动风荷载谱
29  wptype.sp = 1;   % Davenport
30  wptype.coh = 2;   % 相关
31  % 脉动风场模拟
32  Pt = [zeros(size(z)), B, z];
33  uw = simWind_Spec(Pt,WdPara,FreqPara,wptype);
34  % 脉动风荷载场
35  for k = 1: size(uw,2)
36      uw(:, k) = wz(k) * uw(:, k);
37  end
38  Rm = 1;
39  % 基于 POD 风荷载场缩减!
```

```
40   % [uw, Rm] = pod(uw, 0.05);
41   % 脉动风荷载谱矩阵
42   win = hanning(N2);
43   for k = 1:size(uw,2)
44   for j = 1:k
45       spxy = cpsd(uw(:,k),uw(:,j),win,[],Nfft,Fs);
46       Spw{k,j} = spxy(2:end);
47       Spw{j,k} = conj(Spw{k,j});
48   end
49   end
50   % 结构模态参数
51   [M, K, Q, Dw] = modal_exam_3_1;
52   ModalPara.Mr = diag(Q' * M * Q);
53   Omg = sqrt(diag(Dw));
54   ModalPara.Kr = diag(Q' * K * Q);
55   ModalPara.Ksi = 0.01 * ones(size(Q,2));
56   ModalPara.M = M;
57   ModalPara.Q = Q;
58   ModalPara.Omg = Omg;
59   % 影响函数
60   Ipara.flg = 1;  Ipara.z = [];   % 位移响应
61   % Ipara.flg = 2;  Ipara.z = z;   % 弯矩响应
62   % Ipara.flg = 3;  Ipara.z = z;   % 剪力响应
63   % 虚拟激励响应谱及根方差
64   [rsp2,cqc2] = rsp_vf(Spw,Rm,ModalPara,FreqPara,Ipara);
65   % 直接频域响应谱
66   % rsp3 = rsp_ft(Fw,Rm,ModalPara,FreqPara,Ipara);
67   return
```

程序在模拟生成脉动风速场后,为使后续计算结果对比的数据一致,把速度场数据进行了保存,然后再进行下一步计算。运行以上程序结果如下:

位移峰值响应:1.029m,0.746m,0.473m,0.236m,0.066m。

弯矩峰值响应:2.530MN·m,8.462MN·m,16.639MN·m,26.127MN·m,36.234MN·m。

与文献[9]中的结果相较,可见采用模拟脉动风场计算的结构响应比算例1的理论计算结果误差略大。由于本算例是采用了模拟生成的脉动风荷载,因此必然有一定的随机波动范围。图 3.3 给出了部分节点位移响应谱的计算结果与理论计算结果的比较,图 3.4 给出了部分节点弯矩响应谱的计算结果比较。由图可见,两种方法计算的响应谱重合性均较好,但模拟荷载计算的响应谱光顺性略差,这是由于模拟荷载存在时域噪声以及时频转换时所带来的误差,若采用频谱直接计算响应谱则结果误差会更大。

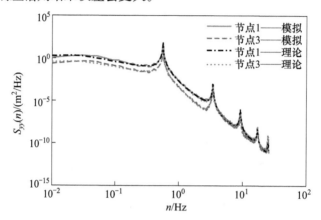

图 3.3 模拟荷载与理论计算位移响应谱对比

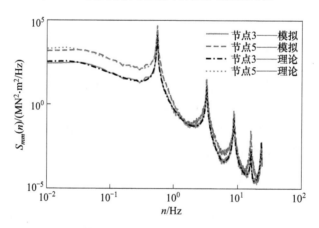

图 3.4 模拟荷载与理论计算弯矩响应谱对比

通过 POD 分解—重建技术对脉动风荷载场数据进行缩减,可减少计算量和存储量。执行本算例程序中的 POD 函数调用,并设缩减本征模态的能量占比为小于 5%,计算结果显示保留了前三阶本征模态。计算结果如下:

位移峰值响应:1.002m,0.725m,0.461m,0.230m,0.064m。

弯矩峰值响应:2.432MN · m,8.212MN · m,16.169MN · m,25.412MN · m,35.275MN · m。

可见与原始模拟数据的计算结果相差很小,完全满足一般精度要求。

图 3.5 显示了模拟荷载与 POD 缩减荷载计算的位移响应谱结果对比,由图可见二者重合性较好,表明 POD 技术具有良好的数据压缩性能。

以上基于 POD 技术给出了简单算例,对于数据规模较大的脉动荷载场,采用 POD 缩减并结合 PEM 方法,可大大减少计算量和降低计算机系统的硬件要求。

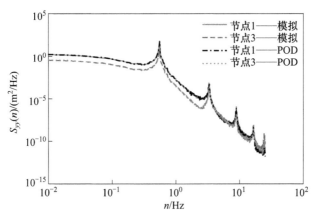

图 3.5　模拟荷载与 POD 缩减后计算位移响应谱对比

3.5.4　算例 4——静态响应

高耸钢结构同算例 2。采用传统模态叠加法分类积分计算结构的共振响应和背景响应,另外直接通过脉动荷载协方差阵与影响函数的积分计算结构的准静态背景响应。

算例 4 计算程序如下:

```
1  %  exam_3_4.m
2  %   频域参数
3  FreqPara.Nfft = 5000;
4  FreqPara.Fs = 50;
5  %   结构参数
6  z = [90 60 30]';     % 节点高度
7  B = 10;              % 结构宽
8  dh =[15 30 30]';     % 单元高度
9  mus = 1.3 * ones(size(z));        % 体型系数
10  %   风场参数
11  ABLtype = 'B';                    % B 类地貌
12  w0 = 0.40;                        % 基本风压
```

```
13   WdPara.ur = sqrt(w0 * 1690);        %  参考风速
14   WdPara.zr = 10;                     %  参考高度
15   WdPara.alfa = 0.16;                 %  剖面指数
16   WdPara.z = z;
17   WdPara = pow_log(WdPara);
18   %    平均风荷载
19   wavg = w0 * dh .* B .* mus .* muz(z, ABLtype)* 1e3;
20   %    脉动风荷载根方差
21   wz = wavg .* 2 .* Iuz(z, ABLtype);
22   %    脉动风荷载谱
23   wptype.sp = 1;    %  Devaport 谱
24   wptype.coh = 2;   %  相关性
25   Spw = Wsp( wz, WdPara, FreqPara, wptype, B);
26   %    结构模态参数
27   [M, K, Q, Dw] = modal_exam_3_2;
28   Omg = sqrt(diag(Dw));
29   ModalPara.Mr = diag( Q' * M * Q);
30   ModalPara.Kr = ModalPara.Mr .* Omg.^2;
31   ModalPara.Ksi = 0.01 * ones(size(Q,2));
32   ModalPara.M = M;
33   ModalPara.Q = Q;
34   ModalPara.Omg = Omg;
35   %    广义力谱
36   [Sgf, Inw] = genf_mod(Spw,1,ModalPara,FreqPara);
37   %    影响函数
38   Ipara.flg = 1;   Ipara.z = [];      %  位移响应
39   % Ipara.flg = 2;   Ipara.z = z;      %  弯矩响应
40   % Ipara.flg = 3;   Ipara.z = z;      %  剪力响应
41   %    共振与背景响应根方差
42   [rr, br] = br_mod(Sgf,ModalPara,FreqPara,Ipara);
43   %    准静态背景响应根方差
44   mr = stati(Inw, ModalPara, Ipara);
45   return
```

计算结果列于表 3.2 中,可见本例的结构共振响应约为背景响应的 2 倍,共振响应占主要地位。采用传统分量积分的背景响应与采用脉动荷载方差直接计算准静态响应的结果较接近,特别是位移和弯矩的结果差别较小。

表 3.2　共振响应与背景响应根方差

节点号		1	2	3
位移/m	共振响应	3.65e-04	2.04e-04	6.26e-05
	背景响应	1.79e-04	9.98e-05	3.07e-05
	准静态背景响应	1.80e-04	9.95e-05	3.08e-05
弯矩/(MN·m)	共振响应	1.048	6.512	12.455
	背景响应	0.726	3.212	6.123
	准静态背景响应	0.872	3.035	6.242
剪力/kN	共振响应	34.936	189.153	200.130
	背景响应	24.185	94.917	102.139
	准静态背景响应	29.072	75.948	111.924

参 考 文 献

[1] 张相庭. 结构风压与风振计算[M]. 上海：同济大学出版社，1985.

[2] 庄表中，梁以德，张佑启. 结构随机振动[M]. 北京：国防工业出版社，1995.

[3] 黄本才，汪从军. 结构抗风分析原理及应用[M]. 上海：同济大学出版社，2008.

[4] R. 克拉夫，J. 彭津. 结构动力学[M]. 王光远，等译. 北京：高等教育出版社，2007.

[5] Holmes J D. Wind loading of structures [M]. London：Taylor & Francis，2007.

[6] 叶丰. 高层建筑顺、横风向和扭转方向风致响应及静力等效风荷载研究[D]. 同济大学，2004.

[7] 王里生，罗永光. 信号与系统分析[M]. 长沙：国防科技大学出版社，1989.

[8] 林家浩，张亚辉. 随机振动的虚拟激励法[M]. 北京：科学出版社，2004.

[9] 张相庭. 国内外风荷载规范的评估展望[J]. 同济大学学报，2002，30(5)：539-543.

[10] 张相庭. 结构风工程[M]. 北京：中国建筑工业出版社，2006.

第4章 结构横风向风振

结构在风的作用下,除了产生顺风向风致响应外,还会引起横风向风振。一般建筑结构受到横风向风荷载相对较小,其影响可忽略,但对于高耸细长柔性结构,横风向风振响应有时会很大,甚至超过了顺风向响应。结构横风向风荷载及其响应计算目前主要依据实验或由试验总结的经验模型。由湍流引起的横风向脉动风荷载可采用类似顺风向的方法,即准定常假设。

由于结构自身运动所引起的自激力振动具有更大的破坏作用。涡激共振是由于尾流涡脱落频率与结构自振频率一致时所引起的大幅振动,进而出现锁定现象。结构与气流相互作用所引起的自激力振动最危险的是颤振,颤振有可能发生在大跨度桥梁或大跨柔性屋面的局部,对于高层建筑结构来说一般不会发生颤振。

4.1 结构三维抖振力模型

作用于结构横截面上的瞬时风速如图 4.1 所示,其中 U 为水平平均风速,来流方向对结构迎角为 α_0,x,y 为对应于平均风速坐标系。考虑脉动风速影响,x 方向的瞬时风速为 $U+u$,y 方向的瞬时风速为 v,因此结构上瞬时来流风速实际为 $V(t)$,且 $V(t)$ 相对平均风速方向的偏角为 $\delta(t)$,即瞬时来流的迎角 $\alpha(t) = \alpha_0 + \delta$,$x'$,$y'$ 为对应于瞬时风速坐标系。

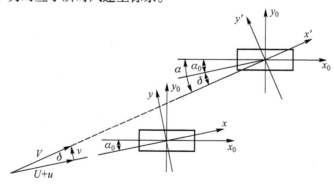

图 4.1 作用在结构上的瞬时风荷载

设结构的阻力系数为 $c_d(\alpha)$,升力系数为 $c_l(\alpha)$,扭矩系数为 $c_m(\alpha)$,三分力系数均是迎角的函数。基于准定常假设,不考虑结构自身运动产生的影响,则作用于结构上的瞬时风荷载分量(x',y' 坐标系)为

$$F_d(t) = \frac{1}{2}\rho V^2(t) b \cdot c_d(\alpha)$$

$$F_l(t) = \frac{1}{2}\rho V^2(t) b \cdot c_l(\alpha) \qquad (4.1.1)$$

$$M_m(t) = \frac{1}{2}\rho V^2(t) b^2 \cdot c_m(\alpha)$$

式中:ρ 为气流密度;b 为结构特征宽度。瞬时来流风速为

$$V^2(t) = (U+u)^2 + v^2 = U^2 + 2Uu + u^2 + v^2 \approx U^2 + 2Uu \qquad (4.1.2)$$

式(4.1.2)中忽略了二阶以上小量。

把三分力系数在 α_0 处近似展开得

$$c_d(\alpha) \approx c_d(\alpha_0) + c_d'(\alpha_0) \cdot \delta = c_d + c_d' \cdot \delta$$

$$c_l(\alpha) \approx c_l(\alpha_0) + c_l'(\alpha_0) \cdot \delta = c_l + c_l' \cdot \delta \qquad (4.1.3)$$

$$c_m(\alpha) \approx c_m(\alpha_0) + c_m'(\alpha_0) \cdot \delta = c_m + c_m' \cdot \delta$$

于是由式(4.1.2)、式(4.1.3)代入到式(4.1.1)可得

$$F_d(t) = \frac{1}{2}\rho U^2 b \left(1 + 2\frac{u}{U}\right) \cdot (c_d + c_d' \cdot \delta)$$

$$F_l(t) = \frac{1}{2}\rho U^2 b \left(1 + 2\frac{u}{U}\right) \cdot (c_l + c_l' \cdot \delta) \qquad (4.1.4)$$

$$M_m(t) = \frac{1}{2}\rho U^2 b^2 \left(1 + 2\frac{u}{U}\right) \cdot (c_m + c_m' \cdot \delta)$$

把以上瞬时风荷载分量转换到 x,y 坐标系中,得荷载分量为

$$F_x(t) = F_d(t) \cdot \cos(\delta(t)) - F_l(t) \cdot \sin(\delta(t))$$

$$F_y(t) = F_d(t) \cdot \sin(\delta(t)) + F_l(t) \cdot \cos(\delta(t)) \qquad (4.1.5)$$

$$M_z(t) = M_m(t)$$

瞬时风偏角实际为一小量,因此存在如下近似关系:

$$\tan(\delta) = \frac{v}{U+u} \approx \frac{v}{U}, \quad \tan(\delta) \approx \delta \qquad (4.1.6)$$

$$\cos(\delta) \approx 1, \quad \sin(\delta) \approx \delta$$

于是由式(4.1.5)、式(4.1.6)代入到式(4.1.4)中,并忽略二阶以上小量得

$$F_x = \frac{1}{2}\rho U^2 b \left(c_d + 2\frac{u}{U}c_d + (c_d' - c_l)\frac{v}{U} \right)$$

$$F_y = \frac{1}{2}\rho U^2 b \left(c_l + 2\frac{u}{U}c_l + (c_d + c_l')\frac{v}{U} \right) \tag{4.1.7}$$

$$M_z = \frac{1}{2}\rho U^2 b^2 \left(c_m + 2\frac{u}{U}c_m + c_m'\frac{v}{U} \right)$$

其中脉动风荷载分量为

$$F_{xf} = \frac{1}{2}\rho U^2 b \left(2\frac{u}{U}c_d + (c_d' - c_l)\frac{v}{U} \right)$$

$$F_{yf} = \frac{1}{2}\rho U^2 b \left(2\frac{u}{U}c_l + (c_d + c_l')\frac{v}{U} \right) \tag{4.1.8}$$

$$M_{zf} = \frac{1}{2}\rho U^2 b^2 \left(2\frac{u}{U}c_m + c_m'\frac{v}{U} \right)$$

若考虑尾流涡引起的脉动荷载,式(4.1.8)改写为[1-3]

$$F_{xf} = \frac{1}{2}\rho U^2 b \left(2\frac{u}{U}c_d + (c_d' - c_l)\frac{v}{U} \right) + \frac{1}{2}\rho U^2 b \cdot c_{ds}s_x^*$$

$$F_{yf} = \frac{1}{2}\rho U^2 b \left(2\frac{u}{U}c_l + (c_d + c_l')\frac{v}{U} \right) + \frac{1}{2}\rho U^2 b \cdot c_{ls}s_y^* \tag{4.1.9}$$

$$M_{zf} = \frac{1}{2}\rho U^2 b^2 \left(2\frac{u}{U}c_m + c_m'\frac{v}{U} \right) + \frac{1}{2}\rho U^2 b^2 \cdot c_{ms}s_z^*$$

式中:c_{ds},c_{ls},c_{ms} 分别为尾流相关的阻力、升力和扭矩荷载系数根方差;s_x^*,s_y^*,s_z^* 分别为尾流激励在顺风向、横风向和扭转荷载分量,为标准正态随机过程。可把式(4.1.9)写成如下统一的形式:

$$F_{\alpha f}(z,t) = \sum_{\varepsilon} \frac{1}{2}\rho U^2(z)b \cdot \lambda_\alpha c_{\alpha\varepsilon}J_\varepsilon f_{\alpha\varepsilon}^*(z,t) \tag{4.1.10}$$

$$(\alpha = x,y,z) \quad (\varepsilon = u,v,s)$$

式中:$\lambda_x = \lambda_y = 1$,$\lambda_z = b$;$J_u = 2I_u$,$J_v = I_v$,$J_s = 1$;$f_{\alpha u}^* = u/\sigma_u$,$f_{\alpha v}^* = v/\sigma_v$,$f_{\alpha s}^* = s_\alpha^*$;$I_u$ 和 I_v 分别为纵向和横向湍流度;σ_u 和 σ_v 分别为纵向和横向脉动风速根方差;荷载系数 $c_{\alpha\varepsilon}$ 为如下矩阵中的元素:

$$[\boldsymbol{c}] = \begin{bmatrix} c_d & c_d' - c_l & c_{ds} \\ c_l & c_d + c_l' & c_{ls} \\ c_m & c_m' & c_{ms} \end{bmatrix} \tag{4.1.11}$$

由式(4.1.10)得脉动风荷载谱为

$$S_{F\alpha}(z_1,z_2;n) = \sum_{\eta}\sum_{\varepsilon} w_a(z_1)w_a(z_2)\lambda_\alpha^2 c_{\alpha\varepsilon}c_{\alpha\eta}J_\varepsilon(z_1)J_\eta(z_2)S_{\alpha\varepsilon\eta}^*(z_1,z_2;n)$$

$$(\varepsilon,\eta = u,v,s) \tag{4.1.12}$$

式中：$w_a(z) = 1/2\rho U^2 b$；归一化互功率谱密度函数 $S_{\alpha\varepsilon\eta}^*$ 为

$$S_{\alpha\varepsilon\eta}^*(z_1,z_2;n) = \sqrt{S_{\alpha\varepsilon}^*(z_1;n)S_{\alpha\eta}^*(z_2;n)} \cdot \mathrm{Coh}_{\alpha\varepsilon\eta}(z_1,z_2;n) \tag{4.1.13}$$

其中 $S_{\alpha\varepsilon}^*$ 为 $f_{\alpha\varepsilon}^*$ 功率谱密度函数；$\mathrm{Coh}_{\alpha\varepsilon\eta}(z_1,z_2;n)$ 为相干函数：

$$\mathrm{Coh}_{\alpha\varepsilon\eta}(z_1,z_2;n) = \exp\left(-\kappa_{\alpha\varepsilon\eta}(z_1,z_2;n) \cdot \frac{|z_1-z_2|}{H}\right) \tag{4.1.14}$$

式中：$\kappa_{\alpha\varepsilon\eta}(z_1,z_2;n)$ 为 z_1 和 z_2 的无量纲函数；H 为结构高度。式(4.1.12)的脉动风荷载谱考虑了不同激励荷载之间的相关性。

4.2　横风向风荷载谱模型

横风向脉动风荷载相对顺风向风荷载而言一般较小而常被忽略，但对于一些现代高层建筑结构，横风向风荷载影响有可能会很大，甚至超过了顺风向风荷载的影响。横风向风荷载形成包括三个方面：来流湍流激励、尾流涡激励以及结构自身运动引起的气动弹性激励，实际结构受这三类荷载的共同作用。湍流激励和尾流激励是由于结构外部流动形成的气动力荷载，与结构运动无关。气动弹性激励是由于结构与气流相互作用形成了负气动阻尼效应，对细长柔性结构的影响特别重要，气动阻尼识别目前主要通过系统参数辨识或强迫振动试验等方法。由于横风向风荷载形成的机理十分复杂，虽然经过了几十年的探索研究，目前仍没有形成成熟有效的解析模型或理论分析方法[4]。

考虑横风向的湍流激励和尾流激励荷载，目前研究较多的主要是针对矩形截面的建筑结构，许多文献都给出了横风向风荷载谱经验公式，研究方法主要包括刚性模型同步脉动压力测量、高频底座天平测力以及气动弹性模型试验等。文献[5]介绍采用刚性模型同步测压方法得到矩形截面建筑物横风向脉动风荷载，拟合出矩形截面建筑物的横风向气动荷载谱经验公式。文献[6]介绍采用高频底座天平方法测量多种矩形截面建筑物的横风向脉动风荷载，拟合得到随截面外形及风场参数变化的荷载谱经验公式，并与日本建筑协会(AIJ, 1996)基于类似方法给出的经验公式进行了对比。

以上研究中没有区分荷载谱的湍流激励和尾流激励分量，而是给出了矩形截面建筑物总的横风向风荷载谱。文献[7]介绍通过对刚性模型同步测压对比分析，把横风向风荷载分解为湍流激励和尾流激励两部分，并分别拟合出荷载谱经验公式。文献[1-2]采用经验模型方法分别计算横风向湍流和尾流激励荷载谱,再利用叠加计算结构总的响应等。把横风向风荷载分解为分量的好处是可以分别研究其影响特性,并且横风向湍流荷载谱可采用类似顺风向的准定常假设方法,由脉动风速谱估算得到。

4.2.1 湍流激励

文献[1-3]给出如下三维湍流脉动风速归一化谱模型:

$$S_{\alpha\varepsilon\varepsilon}^*(z;n) = \frac{d_\varepsilon L_\varepsilon(z)/U(z)}{(1+1.5nd_\varepsilon L_\varepsilon(z)/U(z))^{5/3}}\Omega(\pi n\tau) \qquad (4.2.1)$$

$$\kappa_{\alpha\varepsilon\eta}(z_1,z_2;n) = \frac{2nC_{z\varepsilon\eta}H}{U(z_1)+U(z_2)} \qquad (\varepsilon,\eta = u,v,w) \qquad (4.2.2)$$

$$\Omega(\omega) = \frac{\sin^2(\omega)}{\omega^2} \quad (\omega>0); \quad \Omega(0) = 1 \qquad (4.2.3)$$

式中:常数 $d_u = 6.868, d_v = d_w = 9.434$;$L_\varepsilon$ 为纵向湍流积分尺度 ε 分量;$C_{z\varepsilon\eta}$ 为湍流分量沿 z 向指数衰减系数;τ 为阵风峰值时间。

由横风向脉动风速谱,基于准定常假设,横风向湍流脉动风荷载及其响应计算方法同顺风向的完全一致,此处不考虑荷载之间的相关性。

4.2.2 尾流激励

尾流激励是指由于尾流旋涡脱落所产生的荷载,为净旋涡脱落荷载。对于刚性较大的建筑结构如钢筋混凝土烟囱,可以基于谱模型方法计算横风向涡激响应,计算过程同顺风向的模态分析方法。目前尾流涡激励谱主要采用经验公式,应用较多的如下面形式的归一化谱模型[8-9]:

$$S_{\alpha ss}^*(z;n) = \frac{1}{\sqrt{\pi}B_\alpha(z)n_{\alpha s}(z)}\exp\left(-\left(\frac{1-n/n_{\alpha s}(z)}{B_\alpha(z)}\right)^2\right) \qquad (4.2.4)$$

$$\kappa_{\alpha ss}(z_1,z_2;n) = \frac{H}{L_s \cdot b} \qquad (4.2.5)$$

式中:L_s 为尾流涡相关长度;$n_{\alpha s}(z)$ 和 $B_\alpha(z)$ 分别为尾涡脱落频率和谱带宽:

$$n_{\alpha s} = \gamma_\alpha S_t U(z)/b$$
$$B_\alpha = \sqrt{B_{0\alpha} + 2I_u^2} \qquad (\alpha = x,y) \qquad (4.2.6)$$

式中:S_t 为斯脱哈尔数;系数 $\gamma_x = 2, \gamma_y = 1$;$B_{0\alpha}$ 为无量纲系数。

文献[8]所采用的相干函数与这里略有不同,一些文献依据实验也给出了其他形式。式(4.2.4)称为高斯型涡脱谱函数模型,此外还有高斯改进型、多项式型以及多项式改进型等[10,11]。

高斯改进型为

$$\frac{nS_s(n)}{\sigma_{FL}^2} = \frac{n/n_s}{\sqrt{2\pi}B_s} \cdot \exp\left(-\left(\frac{\ln(n/n_s)+B_s^2/2}{\sqrt{2}B_s}\right)^2\right) \qquad (4.2.7)$$

多项式型为

$$\frac{nS_s(n)}{\sigma_{FL}^2} = \frac{K_sB_s}{\pi} \cdot \frac{(n/n_s)^2}{1-(n/n_s)^2+4B_s^2(n/n_s)^2} \qquad (4.2.8)$$

式中：σ_{FL}^2 为横风向脉动荷载方差；B_s 为频带宽度系数；n_s 为斯特劳哈尔频率。

从试验结果来看，高斯型及其改进形式适合于细长圆柱体横风向力谱计算，多项式型及其改进形式适用于棱柱体横风向力谱计算。

下面给出横风向湍流及尾流激励空间荷载谱计算程序（有关参数取值参见本节的算例中）：

```
1   function Sp = Wsp_3d(wz,WdPara,FreqPara,wptype,B,H)
2   %  3D 脉动风荷载谱
3   %   脉动荷载 wz
4   %   风场参数 WdPara
5   %   频域参数 FreqPara
6   %   谱类型 wptype
7   %   结构特征宽 B
8   %   结构高 H
9   %
10  Nfft = FreqPara.Nfft;
11  Fs = FreqPara.Fs;
12  N2 = fix(Nfft/2);
13  nf = (1:N2)'/Nfft * Fs;
14  %
15  %  脉动荷载方差
16  wzm = wz * wz';
17  z = WdPara.z;
18  if isscalar(B), B = B* ones(size(z)); end
19  if isscalar(H), H = H* ones(size(z)); end
20  Pt = [H, B, z];
21  %
22  for k = 1: length(z)
23  for i = 1: k
24      spxy = WindPxy_PS(Pt,[k,i],nf,WdPara,wptype);
```

```
25    Sp{k,i} = wzm(k,i) *  spxy ;
26    Sp{i,k} = Sp{k,i};  % 实谱
27  end
28  end
29  return


1  function Sp = WindPxy_PS(Pt,pij,nhz,WdPara,wptype)
2  % 3D 标准风荷载谱(u,v,s)
3  % 空间点坐标 Pt
4  % 当前计算点 pij
5  % 频率 nhz
6  % 风场参数 WdPara
7  % 风谱类型 wptype
8  %
9  z0 = WdPara. z0;
10  U2 = WdPara. Uz(pij);
11  P2 = Pt(pij,:);
12  H = P2(1,1);
13  b = P2(1,2);
14  Iu = 1. /log(P2(:,3)/z0);
15  tau = 1;
16  Omga = (sin(pi* nhz* tau)).^2 . /((pi* nhz* tau)).^2;
17  mv = 0. 67 + 0. 05 *  log(z0);
18  Luv = 300 *  (P2(:,3)/200). ^mv;
19  %
20  switch wptype
21    case {1, 'x'}   % 纵向
22        Cz = 7;
23        x1 = Cz *  abs(P2(1,3) - P2(2,3));
24        duv = 6. 868;
25        dLuv = duv *  Luv. / U2;
26        Sn1 =dLuv(1)* Omga. /(1 +1. 5* nhz* dLuv(1)). ^(5/3);
27        Sn2 =dLuv(2)* Omga. /(1 +1. 5* nhz* dLuv(2)). ^(5/3);
28        Coh = exp( -2 * nhz* x1/(U2(1) +U2(2)));
29    case {2, 'y'}   % 横向
30        Cz = 6. 5;
```

```
31          x1 = Cz * abs(P2(1,3) - P2(2,3));
32          duv = 9.434;
33          Luv = 0.25* Luv;
34          dLuv =duv * Luv. / U2;
35          Sn1 =dLuv(1)* Omga. /(1 +1.5* nhz* dLuv(1)).^(5/3);
36          Sn2 =dLuv(2)* Omga. /(1 +1.5* nhz* dLuv(2)).^(5/3);
37          Coh = exp(-2 * nhz * x1 /(U2(1) +U2(2)));
38      case {3, 's'}   % 尾流激励—高斯型
39          Ls = 3;
40          St = 0.19;
41          Ba = sqrt(2)* Iu;
42          ns = St * U2/b;
43          Sn1 = exp(-((1 -nhz/ns(1))/Ba(1)).^2 )/ …
44                  (sqrt(pi)* Ba(1)* ns(1));
45          Sn2 = exp(-((1 -nhz/ns(2))/Ba(2)).^2 )/ …
46                  (sqrt(pi)* Ba(2)* ns(2));
47          x1 = 1/Ls * H /b;
48          Coh = exp(-x1 * abs(P2(1,3) - P2(2,3))/H);
49  end
50  Sp = sqrt(Sn1.* Sn2).* Coh; % 互谱
51  return
```

4.2.3　矩形截面结构

文献[6]通过对各类矩形截面建筑物高频天平测力试验结果拟合,给出如下形式的横风向气动力谱经验式:

$$\frac{nS_{Mx}(n)}{(q_HBH^2)^2} = \frac{s_p\beta_s(f/f_p)^{\alpha_s}}{(1 - (f/f_p)^2)^2 + \beta_s(f/f_p)^2} \qquad (4.2.9)$$

式中:q_H 来流参考速压;n 为频率;$f = nB/U_H$ 为折算频率,U_H 为参考风速;S_{Mx} 为横风向基底弯矩谱;其余拟合系数计算式为

$$s_p = (0.1a_w^{-0.4} - 0.0004e^{a_w})(0.84a_{hr} - 2.12 - 0.05a_{hr}^2)(0.422 + a_{db}^{-1} - 0.08a_{db}^{-2})$$

$$(4.2.10)$$

$$f_p = 10^{-5}(191 - 9.48a_w + 1.28a_{hr} + a_wa_{hr})(68 - 21a_{db} + 3a_{db}^2) \quad (4.2.11)$$

$$\beta_s = (1 + 0.00473e^{1.7a_w})(0.065 + e^{1.26 - 0.63a_{hr}})e^{1.7 - 3.44/a_{db}} \qquad (4.2.12)$$

$$\alpha_s = (0.06a_w + 0.0007e^{a_w} - 0.8)(0.00006e^{a_{hr}} - a_{hr}^{0.34})(0.414a_{db} + 1.67a_{db}^{-1.23})$$

$$(4.2.13)$$

式中：$a_{hr} = H/(BD)^{0.5}$；$a_{db} = D/B$；$a_w = 1,2,3,4$（对应风场类型 A、B、C、D）；H、B、D 分别为结构的高度、宽度和厚度。

式(4.2.9)右端即为横风向无量纲广义气动力谱，其相关成果业已引入到我国荷载规范中。作为对比，给出日本建筑学会(AIJ)建议的横风向气动力谱计算式：

$$\frac{nS_{Mx}(n)}{(q_H BH^2)^2} = \sum_{j=1}^{N} \frac{4k_j(1+0.6\beta_j)\beta_j}{\pi} \frac{C_L^2 \cdot (f/f_{sj})^2}{(1-(f/f_{sj})^2)^2 + 4\beta_j^2(f/f_{sj})^2}$$

$$(4.2.14)$$

式中：$a_{db} < 3$ 时 $N=1$，$a_{db} \geq 3$ 时 $N=2$；$k_1 = 0.85$，$k_2 = 0.02$；C_L 为脉动升力系数均方根；其他系数计算式为

$$f_{s1} = \frac{0.12}{(1+0.38a_{db}^2)^{0.89}}; \quad f_{s2} = 0.56a_{db}^{-0.85};$$

$$\beta_1 = \frac{a_{db}^4}{1.2a_{db}^4 - 1.7a_{db}^2 + 21} + \frac{0.12}{a_{db}}; \quad \beta_2 = 0.28a_{db}^{-0.34}$$

$$(4.2.15)$$

不少文献中给出了均方根升力系数经验式[4]，此处采用计算式为

$$C_L = 0.0082a_{db}^3 - 0.07a_{db}^2 + 0.22a_{db} \qquad (4.2.16)$$

以上给出的无量纲气动力谱是以高频底座天平试验结果为基础拟合得到的，当结构的一阶振型近似为线性时，可近似为横风向一阶广义力谱。若结构振型与线性差别较大时，可能会有较大误差，需要进行修正。

文献[12]基于脉动压力测量结果，给出如下横风向无量纲荷载谱：

$$\frac{nS_{Fy}(z,n)}{\sigma_L^2} = \begin{cases} \alpha_s\beta_s(n/n_s)^{0.9} & (n \leq n_s) \\ \alpha_s\beta_s(n/n_s)^{0.3} & (n \geq n_s) \end{cases} \qquad (4.2.17)$$

其中系数计算为

$$\alpha_s = \frac{B_s}{(1-(n/n_s)^2)^2 + (2B_s(n/n_s))^2} \qquad (4.2.18)$$

$$\beta_s = 1.32(\sqrt{1/3\alpha} + 0.154(1-z/H)^{3.5})$$

式中：n_s 为斯托哈尔频率；σ_L^2 为横风向脉动升力方差；α 为风剖面指数；B_s 为频带宽度系数。

利用式(4.2.17)计算中需要考虑荷载的相关性。有关相干函数的计算较为复杂，此处不再列出，具体可参见相关文献[12]。

下面为矩形截面建筑结构的横风向广义荷载谱计算程序：

```
1   function Sgf = Rect_genf(Dim,WdPara,FreqPara,Ltype)
2   %   矩形截面建筑物横风向无量纲广义力谱
3   %   结构厚、宽、高 Dim = [D B H];
4   %   风场参数 WdPara
5   %   频率参数 FreqPara
6   %   横向谱类型 Ltype
7   %
8   D = Dim(1);
9   B = Dim(2);
10  H = Dim(3);
11  adb = D/B;
12  ahr = H/sqrt(D* B);
13  %  频率参数
14  Nfft = FreqPara.Nfft;
15  Fs = FreqPara.Fs;
16  N2 = fix(Nfft/2);
17  nf = (1:N2)'/Nfft * Fs;
18  %
19  Ur = WdPara.ur;   %  参考风速
20  fr = nf* B/Ur;     %  折算频率
21  wa0 = 0.5* 1.225* Ur* Ur* H* B;
22  switch Ltype
23      case {1, 'TJ'}        % 文献[6]
24          aw = WdPara.aw;   %  风场类型:1 = A;2 = B;3 = C;4 = D
25          fp =1e -5* (191 -9.48* aw +1.28* ahr + ahr* aw)* …
26              (68 -21* adb +3* adb^2);
27          sp = (0.1/aw^0.4 -4e -4* exp(aw))* (0.84* ahr -2.12 …
28              -0.05* ahr^2)* (0.422 +1/adb -0.08/adb^2);
29          bs = (1 +4.73e -3* exp(1.7* aw))* (0.065 + …
30              exp(1.26 -0.63* ahr))* exp(1.7 -3.44/adb);
31          as = ( -0.8 +0.06* aw +7e -4* exp(aw))* ( -ahr^0.34 + …
32              6e -5* exp(ahr))* (0.414* adb +1.67/adb^1.23);
33          frp = fr/fp;
34          Sgfm = sp* bs* frp. ^as. /((1 -frp. ^2). ^2 + …
35              bs* frp. ^2);
```

```
36              %
37      case {2, 'AIJ'}      % AIJ 建议式
38          k1 = 0.85;
39          k2 = 0.02;
40          b1 = adb^4/(1.2* adb^4 -1.7* adb^2 +21) +0.12/adb;
41          b2 = 0.28/adb^0.34;
42          fs1 = 0.12/(1 +0.38* adb^2)^0.89;
43          fs2 = 0.56/adb^0.85 ;
44          CL = 8.2e -3* adb^3 -0.071* adb^2 +0.22* adb;
45          frs = fr/fs1;
46          Sgfm = 4* k1* (1 +0.6* b1)* b1/pi* frs. ^2. / …
47              ((1 - frs. ^2). ^2 + 4* b1^2* frs. ^2);
48          if adb > =3,
49              frs = fr/fs2;
50              Sgfm = Sgfm +4* k2* (1 +0.6* b2)* b2/pi* …
51                  frs. ^2. /((1 - frs. ^2). ^2 +4* b2^2* frs. ^2);
52          end
53          Sgfm = Sgfm * CL* CL;
54  end
55  Sgf{1} = wa0* wa0 * Sgfm ./nf ;   % 横风向广义力谱
56  return
```

4.2.4 风振响应算例

4.2.4.1 算例 1—分量荷载谱

钢筋混凝土烟囱结构高 $H = 180\text{m}$，等效结构宽度 $b = 5.6\text{m}$，单位高度质量为 10.686t/m；基阶模态频率 $n_x = n_y = 0.26\text{Hz}$，模态振型为 $\phi_{x1} = \phi_{y1} = (z/H)^{2.15}$，阻尼比为 $\zeta_{x1} = \zeta_{y1} = 0.005$；阻力系数为 0.8，尾流激励升力系数根方差 0.28，其他荷载系数均为 0；尾流激励相关量 $S_t = 0.19, L_s = 3, B_{0\alpha} = 0$；风场气动粗糙长度 $z_0 = 0.1$，风剖面指数 0.15；湍流度 $I_u = 1/\log(z/z_0)$，$I_v = 0.75 I_u$；湍流积分尺度 $L_u = 300(z/200)^\nu$，$\nu = 0.67 +0.05\log(z_0)$，$L_v = 0.25 L_u$；$C_{zu} = 7, C_{zv} = 6.5, \tau = 1; T = 600\text{s}$。不考虑扭转风振及荷载之间的相关性，求顺风向及横风向风振位移响应。

此算例参考自文献[1-2]，采用本节分量荷载谱模型进行分析。计算程序如下：

```
1  % exam_4_1.m
2  % 频域参数
```

```
3    FreqPara.Nfft = 5000;
4    FreqPara.Fs = 20;
5    % 结构参数
6    H = 180; B = 5.6;
7    dz = 9;
8    z = [H: -dz : dz]';
9    nz = length(z);
10   dh = dz * [0.5, ones(1, nz - 1)]';
11   % 荷载系数
12   Cd = 0.8;      % 阻力系数
13   Cs = 0.28;     % 尾流横向
14   % 结构模态参数
15   Q = (z/H).^2.15;
16   m0 = 10686 ;
17   M = diag( m0 * dh );
18   ModalPara.Mr = diag(Q' * M * Q);
19   Omg = 0.26 * 2* pi;
20   ModalPara.Kr = ModalPara.Mr .* Omg.^2;
21   ModalPara.Ksi = 0.005;
22   ModalPara.M = M;
23   ModalPara.Q = Q;
24   ModalPara.Omg = Omg;
25   % 风场参数
26   z0 = 0.1;              % 粗糙长度
27   Iu = 1./log(z/z0);     % 纵向湍流度
28   Iv = 0.75 * Iu;        % 横向湍流度
29   WdPara.alfa = 0.15;    % 剖面指数
30   WdPara.zr = 180;       % 参考高度
31   WdPara.z0 = z0;
32   WdPara.z = z;
33   uh = (1:40)';          % 参考风速
34   for k = 1: length(uh)
35       WdPara.ur = uh(k);
36       WdPara = pow_log(WdPara);
37       % 平均风荷载
38       wa0 = 0.5* 1.25* (WdPara.Uz).^2 .* B.* dh;
```

```
39      %  纵向湍流脉动荷载谱
40      mz = wa0 .* Iu * 2 * Cd ;
41      wptype3D = 1;   % 1 = 纵向
42      Spw = Wsp_3d ( mz, WdPara, FreqPara, wptype3D, B, H ) ;
43    %   横向湍流脉动荷载谱
44    %   mz = wa0 .* Iv * Cd ;
45    %   wptype3D = 2;   % 2 = 横向
46    %   Spw2 = Wsp_3d ( mz, WdPara, FreqPara, wptype3D, B, H ) ;
47    %   横向尾流激励荷载谱
48    %   mz = wa0 * Cs ;
49    %   wptype3D = 3;   % 3 = 尾流
50    %   Spw3 = Wsp_3d ( mz, WdPara, FreqPara, wptype3D, B, H ) ;
51    %   横向总脉动荷载谱
52    %     for ki = 1:size(Spw2,1)
53    %     for kj = 1:size(Spw2,2)
54    %         Spw{ki,kj} = Spw2{ki,kj} + Spw3{ki,kj};
55    %     end
56    %     end
57    %
58      %  广义力谱
59      [ Sgf, Inw ] = genf_mod ( Spw, 1, ModalPara, FreqPara ) ;
60      %  广义位移谱
61      [ Sgq, Inq ] = genq_mod ( Sgf, ModalPara, FreqPara ) ;
62      %  结构顶部位移根方差
63      Ipara. flg = 11;   Ipara. z = [ ];
64      stdy(k) = std_mod ( Inq, ModalPara, Ipara ) ;
65    end
66    %   位移响应谱—虚拟激励法
67    %   [ rspv, vf_cqc ] = rsp_vf ( Spw, 1, ModalPara, FreqPara, Ipara ) ;
68    return
```

图 4.2 给出了结构顶部顺风向和横风向位移响应根方差随风速变化计算结果,图中同时给出了文献[1-2]中的计算结果(细点线)。顺风向风振主要受来流紊流脉动风荷载作用,位移响应随风速增大呈光滑增长曲线;横风向除受来流紊流作用外,还受到尾流涡激励作用,特别是当周期性尾流涡激励频率接近固有频率时,由于共振效应使风振响应明显增大,共振风速在 7.66m/s 左右。本书计算的尾流共振响应结果与文献的结果差别略大,可能是由于共振频带范围较

小,导致数值积分误差相对大,而其余部分重合性较好。图4.3给出了结构顶部顺风向和横风向位移响应功率谱曲线,可见在固有频率附近明显出现响应峰值。

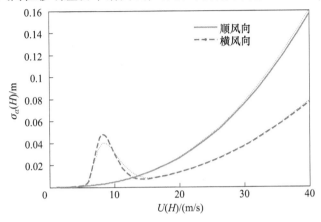

图4.2　结构顶部位移响应根方差

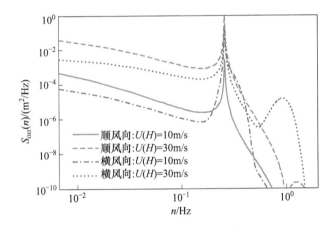

图4.3　结构顶部位移响应谱

4.2.4.2　算例2—矩形截面结构

矩形截面建筑物高200m、宽50m、厚50m,单位高度质量为475t/m;基阶模态频率0.25Hz,阻尼比为0.01;B类风场,结构顶部风速54.6m/s。结构一阶振型可表示为$(z/H)^{\beta}$,β为振型指数。设$\beta = 0.85$、1.0、1.15三种情况,分别计算结构横风向风振位移及弯矩响应分布。

采用矩形截面结构的横风向荷载谱经验公式,计算程序如下:

```
1  % exam_rect_4_2.m
2  % 频率参数
3  FreqPara.Nfft = 2000;
```

```
4   FreqPara.Fs = 20;
5   %  结构参数
6   H = 200;
7   B = 50;
8   D = 50;
9   Dim = [D  B  H];
10  dz = 10;
11  z = [H: -dz: dz]';
12  dh = dz* [0.5; ones(size(z,1) -1,1)];
13  %  风场参数
14  ABLtype = 'B';          %  B 类地貌
15  WdPara.aw = 2;          %  1 =A; 2 =B; 3 =C; 4 =D
16  WdPara.alfa = 0.16;     %  剖面指数
17  WdPara.ur = 54.6;       %  参考风速
18  WdPara.zr = H;          %  参考高度
19  %  结构模态参数
20  bet = 1.0;   %  振型指数: 0.85, 1, 1.15
21  Omg = 0.25 * 2* pi;
22  Q = (z/H).^bet;
23  M = 4.75e5 * diag(dh);
24  ModalPara.Ksi = 0.01;
25  ModalPara.Q = Q;
26  ModalPara.Omg = Omg;
27  ModalPara.Mr = Q'* M* Q;
28  ModalPara.Kr = Omg^2 * ModalPara.Mr;
29  ModalPara.M = M;
30  %
31  %  广义力谱
32  Ltype = 2;  %  横向谱类型: 1 = TJ;  2 = AIJ
33  Sgf = Rect_genf(Dim, WdPara, FreqPara, Ltype);
34  %  广义位移谱/协方差
35  [Sgq, Inq] = genq_mod(Sgf, ModalPara,FreqPara);
36  %
37  %  位移响应根方差
38  Ipara.flg = 1;  Ipara.z = [];
39  stdy = std_mod(Inq, ModalPara, Ipara);
```

```
40 % 弯矩响应根方差
41 Ipara.flg = 2;  Ipara.z = z;
42 stdmx = std_mod(Inq, ModalPara, Ipara);
```

图 4.4 给出了结构横风向位移响应分布计算结果,其中 TJ 表示采用文献[6]中的横风向荷载谱经验式(4.2.9),AIJ 表示采用日本建筑学会建议的经验式(4.2.14)。由图可见,在结构中下部,不同荷载谱经验式及不同振型指数的计算结果差别相对小,但从结构中上部至顶部,差别逐渐增大:当振型指数为 1 时风振位移响应为直线,当振型指数小于或大于 1 时,位移响应相应减小或增大,在结构顶部最大相差(同一振型)约为 0.01m;AIJ 相对 TJ 的计算结果差别相当于振型指数增加情况。

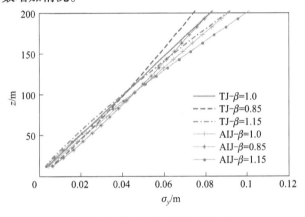

图 4.4　横风向位移响应根方差

图 4.5 给出了结构风振弯矩响应计算结果,由图可见在结构基底,不同振型或荷载谱的计算结果差异类似于结构顶部位移响应情况,基底最大弯矩响应值约为 1600MN·m,为 AIJ 经验公式计算。

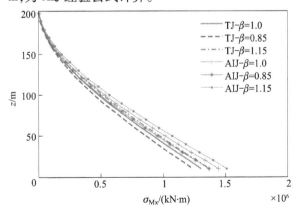

图 4.5　横风向弯矩响应根方差

4.3 涡激共振

涡激振动是非常常见也是非常重要的一种风致结构振动,最著名的例子就是圆柱体绕流中出现的卡门涡街。涡激振动是由于尾流涡周期性脱落使结构表面的风压呈周期性交替变化,进而产生交替变化的涡激力。旋涡脱落可产生纵向和横向脉动荷载,对于大多数结构而言纵向荷载作用效应不显著。横向脉动荷载的周期频率即为旋涡脱落频率,旋涡脱落频率与来流风速、结构尺寸等有关,一般用无量纲参数斯托哈尔数描述为

$$S_t = \frac{n_s B}{U} \tag{4.3.1}$$

式中:n_s 为涡脱落频率;B 为垂直来流方向特征尺度;U 为平均风速。

斯托哈尔数与结构外形及雷诺数 Re 等有关。如圆柱体绕流试验中,当 Re 处于亚临界范围($3 \times 10^2 < Re < 3 \times 10^5$)或跨临界范围($3.5 \times 10^6 < Re$)时,尾流涡以确定的频率周期性脱落,在横风向引起有规律的周期性振动力;当 Re 处于超临界范围($3 \times 10^5 < Re < 3.5 \times 10^6$)时,尾流旋涡脱落凌乱无规律,产生的脉动力是随机的,因而引起结构随机性振动。

当旋涡脱落频率与结构固有频率接近时就出现涡激共振。在亚临界范围内由于风速低,涡激共振强度小一般可不考虑,重要的是跨临界范围内的涡激共振,可导致结构大幅振动和疲劳损坏。人们一直试图从基本流动原理出发来解析分析旋涡脱落作用下的弹性体响应全过程,但迄今为止最有效的方法仍然是经验模型,其中的一些参数还需要通过实验或观测来确定。

4.3.1 涡激共振响应及等效荷载

对于高耸柔性结构,当旋涡脱落频率与结构固有频率接近时就出现涡激共振,引起结构大幅横风向振动。涡激共振是由于旋涡脱落产生了负气动阻尼,结构与气流之间剧烈的相互作用。涡激共振发生的最低风速称为临界风速,由式(4.3.1)确定(n_s 取为结构固有频率)。当临界风速略微增大时,虽然名义斯托哈尔数频率已经偏离了结构固有频率,但共振频率仍然控制着旋涡脱落频率,使在一定风速范围内出现共振,这种现象称之为锁定。锁定的风速范围最大约为临界风速的 1.3 倍[14],当锁定时气动阻尼为较小的负值或正值,结构横风向振动幅度约为横风向尺寸的几分之一,但不超过 1/2 值[13],可见涡激共振是一种带有自激性质的限幅振动。

涡激共振结构响应计算主要采用卢曼方法,可以满足一般工程需要[13]。设在涡激共振锁定区域,结构受到的单位长度横风向周期荷载为

$$F(z,t) = \frac{1}{2}\rho U^2(z)B(z)C_L \cdot \sin(2\pi n_s t) \quad (H_1 \leqslant z \leqslant H_2) \qquad (4.3.2)$$

式中：$B(z)$ 为垂直来流方向截面宽；C_L 为升力系数。

假设涡振力沿结构高度完全相关，采用类似顺风向分析的模态叠加法，横风向 j 阶共振模态力为

$$F_j = \int_{H_1}^{H_2} \frac{1}{2}\rho U^2(z)B(z)C_L\phi_j(z)\,\mathrm{d}z \qquad (4.3.3)$$

共振频率为 $n_s = n_j$，n_j 为 j 阶自振频率，于是 j 阶最大共振位移为

$$y_j(z) = \frac{F_j}{m_j \cdot (2\pi n_j)^2 \cdot 2\zeta_j}\phi_j(z) \qquad (4.3.4)$$

式中：m_j 为 j 阶模态质量；ϕ_j 为 j 阶振型；ζ_j 为阻尼比。

第 j 阶振型最大横风向共振等效荷载（惯性力）为

$$F_{sj} = m(z)(2\pi n_j)^2 y_j(z) = m(z)\phi_j(z)\frac{F_j}{2\zeta_j m_j} \qquad (4.3.5)$$

设临界风速为 v_c，涡脱落频率等于结构自振频率，由式(4.3.1)得

$$v_c = \frac{n_j B(z)}{S_t} \qquad (4.3.6)$$

共振区域的起点高度处风速等于临界风速，根据平均风速指数律分布有

$$v_0\left(\frac{H_1}{10}\right)^\alpha = v_c$$

$$H_1 = 10\left(\frac{v_c}{v_0}\right)^{1/\alpha} \qquad (4.3.7)$$

式中：v_0 为 10m 高度平均风速。

共振区域终点高度处风速为临界风速的 1.3 倍左右，此处设为 $1.3v_c$，则同理可得

$$H_2 = 10\left(\frac{1.3v_c}{v_0}\right)^{1/\alpha} \qquad (4.3.8)$$

若 $H_2 > H$ 则取 $H_2 = H$。

对于 $H_2 = H$ 且质量均匀分布的圆形等截面结构，式(4.3.3)、式(4.3.4)可简化为

$$y_j(z) = \frac{\rho v_c^2 BC_L\phi_j}{m \cdot (2\pi n_j)^2 \cdot 4\zeta_j} \cdot \frac{\displaystyle\int_{H_1}^{H}\phi_j(z)\,\mathrm{d}z}{\displaystyle\int_0^H \phi_j^2(z)\,\mathrm{d}z} = \frac{\rho v_c^2 BC_L\phi_j}{m \cdot (2\pi n_j)^2} \cdot \frac{\lambda_j}{4\zeta_j} \qquad (4.3.9)$$

由式(4.3.5)得共振等效荷载为

$$F_{sj} = \frac{\rho v_c^2 BC_L \phi_j \lambda_j}{4\zeta_j} \qquad (4.3.10)$$

取 $\rho = 1.25$，$C_L = 0.25$，则由式(4.3.10)得结构上等效风荷载标准值 w_{LKj}（kN/m^2）为

$$w_{LKj} = \frac{|\lambda_j| \cdot v_c^2 \phi_j}{12800\zeta_j} \qquad (4.3.11)$$

此即为我国荷载规范[15]中的计算式，其中 λ_j 为计算系数可查表。

下面为涡激共振计算程序：

```
1   function [ymx,fe] = vortex(wa0,vc,WdPara,ModalPara,H)
2   %  涡激共振位移响应及等效荷载
3   %  临界风速平均荷载 wa0
4   %  临界风速 vc
5   %  风场参数 WdPara
6   %  模态参数 ModalPara
7   %  结构高度 H
8   %
9   omg = ModalPara.Omg ;   %  基阶模态频率
10  ksi = ModalPara.Ksi;    %  阻尼比
11  Q = ModalPara.Q;        %  振型
12  mr = ModalPara.Mr ;     %  模态质量
13  M = ModalPara.M;        %  质量矩阵
14  %  风场参数
15  alfa = WdPara.alfa;
16  z = WdPara.z;
17  zr = WdPara.zr;
18  ur = WdPara.ur;
19  %  共振区间 %  式(4.3.7),(4.3.8)
20  H1 = zr *  (vc/ur).^(1/alfa);
21  H2 = zr *  (1.3* vc/ur).^(1/alfa);
22  H2 = min(H2, H);
23  ksc = find(z > = H1 & z < = H2);
24  %  最大位移响应 %  式(4.3.9)
25  ymx = wa0(ksc)'* Q(ksc)/(2* ksi* omg* omg* mr)*  Q;
26  %  等效共振荷载(惯性力)  %  式(4.3.10)
27  fe = M *  ymx *  omg* omg;
28  return
```

4.3.2　涡激共振算例

钢烟囱结构高 $H=90\mathrm{m}$,等效直径 5.3m,等效质量分布 82.32t/m;已知一阶固有频率 $n_1=0.75\mathrm{Hz}$,阻尼比 $\zeta_1=0.03/(2\pi)$;斯托哈尔数 $S_t=0.22$,升力系数 $C_L=0.2$;所在风场剖面指数 $\alpha=0.125$,以 10m 高度平均风速为参考,求结构发生横风向风振时最大位移响应。

算例计算程序:

```
1   % exam_vortex.m
2   % 涡激共振横向位移及等效荷载
3   clear, clc,
4   % 结构参数
5   H = 90;
6   dz = 10;
7   z = [H: -dz : dz]';
8   dh = dz* [0.5, ones(1,size(z,1) -1)]';
9   B = 5.3;
10  % 结构模态参数
11  n1 = 0.75;    % 基阶频率 Hz
12  zH = z/H;
13  Q = (2* zH.^2 - 4/3* zH.^3 + 1/3* zH.^4);
14  m0 = 82320 ;    % 单位长质量 kg/m
15  M = diag(m0 * dh);
16  ksi = 0.03/2/pi;
17  %
18  sel = 1;    % 选择模态
19  Q = Q(:,sel);
20  ModalPara.Q = Q;
21  ModalPara.Mr = diag(Q'* M * Q);
22  ModalPara.M = M;
23  ModalPara.Omg = n1* 2* pi;
24  ModalPara.Ksi = ksi * ones(size(Q,2));
25  % 风场参数
26  WdPara.z = z;
27  WdPara.alfa = 0.125;
28  WdPara.zr = 10;
29  WdPara.ur = 15;
```

```
30   % 气动参数
31   dena = 1.225;    % 空气密度
32   St = 0.22;       % Strouhal
33   Cl = 0.20;       % 升力系数
34   %
35   vc = B * n1 / St;  % 临界风速
36   Re = 69000* vc * B;  % 雷诺数
37   if Re <3.5e6, disp('非跨临界区间'), return, end
38   % 临界风速平均荷载
39   wa0 = 0.5* dena* vc* vc .* Cl.* B .* dh ;
40   % 响应
41   [ymax, fey] = vortex(wa0,vc,WdPara, ModalPara,H);
42   figure,plot(ymax, z, 'r - ', 'linewidth',2);
```

按文献[14]当参考风速为 15m/s 时结构顶部最大横风向位移约为 0.0159m,试验结果为 0.015m,符合得较好。图 4.6 给出了风速 14 ~ 19m/s 范围内横风向位移响应计算结果,由图可见,当参考风速为 16 ~ 18m/s 时结构涡激共振强度最大;当参考风速减小为 14m/s 或增大为 19m/s 以后,由于偏离了涡激共振风速范围,共振区间减小,横风向位移振幅也迅速减小;当风速继续减小或增大,涡激共振将逐渐消失。

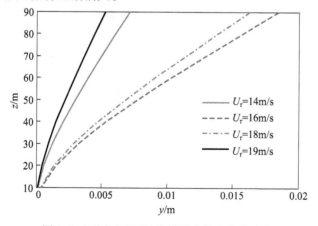

图 4.6　不同风速下结构横风向最大位移响应

参 考 文 献

[1] Piccardo G, Solari G. 3D gust effect factor for slender vertical structures [J]. Probabilistic Engineering Mechanics, 2002, 17(2): 143 –155.

[2] Piccardo G, Solari G. 3D Wind – Excited Response of Slender Structures: Closed – Form Solution [J]. Journal of Structural Engineering, 2000, 126(8): 936 – 943.

[3] Solari G, Piccardo G. Probabilistic 3D turbulence modeling for gust buffeting of structures[J]. Probabilistic Engineering Mechanics, 2001, 16(1): 73 – 86.

[4] Gu M, Quan Y. Across – wind loads and effects of super – tall buildings and structures[J]. Science China: Technological Sciences, 2011, 54(10): 2531 – 2541.

[5] Liang S G, Liu S C, Li Q S, et al. Mathematical model of acrosswind dynamic loads on rectangular tall buildings[J]. Journal of Wind Engineering and Industrial Aerodynamics, 2002, 90(12 – 15): 1757 – 1770.

[6] 全涌, 顾明. 超高层建筑横风向气动力谱[J]. 同济大学学报(自然科学版), 2002, 30(5): 627 – 632.

[7] 顾明, 叶丰. 高层建筑的横风向激励特性和计算模型的研究[J]. 土木工程学报, 2006, 39(2): 1 – 5.

[8] 迪尔比耶, 汉森. 结构风荷载作用[M]. 薛素铎, 等译. 北京: 中国建筑工业出版社, 2006.

[9] Solari G. Mathematical Model to Predict 3D Wind Loading on Buildings [J]. Journal of Engineering Mechanics, 1985, 111(2): 254 – 276.

[10] Choi H, Kanda J. Proposed formulae for the power spectral densities of fluctuating lift and torque on rectangular 3D cylinders [J]. Journal of Wind Engineering and Industrial Aerodynamics, 1993, 46 – 47: 507 – 516.

[11] Marukawa H, Ohkuma T, Momomura Y. Across – wind and torsional acceleration of prismatic high rise buildings [J]. Journal of Wind Engineering and Industrial Aerodynamics, 1992, 42(1): 1139 – 1150.

[12] Kareem A. Model for predicting the acrosswind response of buildings[J]. Engineering Structures, 1984, 6(2): 136 – 141.

[13] 埃米尔·西缪, 罗博特·斯坎伦. 风对结构的作用[M]. 刘尚培, 等译. 上海: 同济大学出版社, 1992.

[14] 张相庭. 结构风压与风振计算[M]. 上海: 同济大学出版社, 1985.

[15] 中华人民共和国住房和城乡建设部. 建筑结构荷载规范(GB 50009—2012)[S]. 北京: 中国建筑工业出版社, 2012.

第5章 等效静力风荷载

结构风振产生随机变化的变形和内力,在计算中涉及到大量复杂的结构动力分析。为了方便设计和提高效率,人们采用类似加载静态荷载方法以产生结构最不利风致响应,这就是等效静力风荷载或等效风荷载。Davenport 最早基于结构线性假设和抖振理论,提出利用基阶模态位移响应计算高层建筑结构顺风向等效风荷载(Equivalent Static Force, ESF)的方法,称为阵风荷载因子法(Gust Loading Factor, GLF)或阵风响应因子法(Gust Response Factor, GRF)[1-3]。GLF法在提出后得到了广泛应用,并被世界上许多国家引入到荷载规范中,但 GLF法存在其局限性。Piccardo & Solari 等在结构三维风振响应分析中,对 GLF 法进行了推广,提出了三维阵风效应因子法(3D Gust Effect Factor, 3D GEF)[4,5]。

我国荷载规范目前采用的方法称为惯性风荷载法(Inertial Wind Load, IWL),其基本原理类似于 GLF 法,只是定义稍有不同。我国规范以一阶模态惯性力作为等效阵风荷载,并定义风振系数(又称为 GBJ 法)[6,8]。文献[7]把 GBJ法的风振系数称为荷载风振系数,以区别一阶位移响应计算的 GLF 法,后者又被称为位移风振系数。

在高层建筑结构风振响应计算中,常把响应分为背景分量和共振分量分别计算,相应的定义了背景等效风荷载和共振等效风荷载。对于高层建筑结构来说共振分量占主要地位,背景分量相对较小,但对于低矮建筑结构而言背景分量则占主要地位。Kasperski & Niemann 在研究低矮建筑物等效风荷载时,提出了一种荷载响应相关法(Load Response Correlation,LRC),成为目前计算结构背景等效风荷载的主要方法[9-10]。

5.1 模态惯性力组合

模态惯性力组合即计算结构的风振惯性力,文献[11]介绍采用模态惯性力加权组合计算大跨屋面的等效风荷载。设多自由度系统质量矩阵 $\boldsymbol{M}$ 为 $n \times n$ 阶矩阵;模态振型矩阵为 $\boldsymbol{\Phi} = [\boldsymbol{\phi}_1, \boldsymbol{\phi}_2, \cdots, \boldsymbol{\phi}_m]$,其中 $\boldsymbol{\phi}_j$ 为 j 阶振型的 n 阶列向量;$\boldsymbol{\Lambda} = \mathrm{diag}(\omega_1^2, \omega_2^2, \cdots, \omega_m^2)$ 模态频率对角矩阵。则模态惯性力可表示为

$$F = M\Phi\Lambda \tag{5.1.1}$$

其中 $F = [F_1, F_2, \cdots, F_m]$，$F_j = M \cdot \boldsymbol{\phi}_j \cdot \omega_j^2$ 为 j 阶模态惯性力向量。

根据模态振型叠加法，结构位移响应计算式为

$$y = \sum_{j=1}^{m} \boldsymbol{\phi}_j q_j \tag{5.1.2}$$

式中：q_j 为 j 阶模态坐标。对于线弹性系统，结构产生的位移对应作用的等效静力荷载为

$$K \cdot y = K \cdot \sum_{j=1}^{m} \boldsymbol{\phi}_j q_j = M \cdot \sum_{j=1}^{m} \boldsymbol{\phi}_j \omega_j^2 q_j = \sum_{j}^{m} F_j q_j \tag{5.1.3}$$

式中：K 为 $n \times n$ 阶系统刚度矩阵。式(5.1.3)用到了如下系统特征关系式：

$$K\boldsymbol{\phi}_j = \omega_j^2 M\boldsymbol{\phi}_j \quad (j = 1, 2, \cdots, m) \tag{5.1.4}$$

设结构 r 点响应的影响系数为 $\boldsymbol{i}_r$（即影响系数矩阵的第 r 行），则 r 点的响应计算为

$$u = \boldsymbol{i}_r \cdot \sum_{j=1}^{m} F_j q_j = \sum_{j=1}^{m} a_j q_j = \sum_{j=1}^{m} u_j \tag{5.1.5}$$

式中：$a_j = \boldsymbol{i}_r \cdot F_j$ 为 j 阶模态惯性力作用下的响应；$u_j = a_j \cdot q_j$ 为响应的 j 阶模态分量。计算响应的各阶分量互协方差可得

$$\sigma_{ujuk}^2 = a_j a_k \cdot \sigma_{qjqk}^2 = a_j a_k \cdot \sigma_{qj} \sigma_{qk} r_{jk} = \sigma_{uj} \sigma_{uk} r_{jk} \tag{5.1.6}$$

其中 r_{jk} 为模态响应相关系数：

$$r_{jk} = \frac{\sigma_{qjqk}^2}{\sigma_{qj} \cdot \sigma_{qk}} \tag{5.1.7}$$

由式(5.1.5)计算 r 点的响应方差为

$$\sigma_u^2 = \overline{u(t)u(t)} = \sum_{j=1}^{m} \sum_{k=1}^{m} \overline{u_j(t)u_k(t)} = \sum_{j=1}^{m} \sum_{k=1}^{m} \sigma_{ujuk}^2 = \sum_{j=1}^{m} \sum_{k=1}^{m} \sigma_{uj} \sigma_{uk} r_{jk}$$

$$\tag{5.1.8}$$

设结构响应近似为高斯分布，响应的峰值因子 g 按下式计算[6]：

$$g = \sqrt{2\ln(\nu T_0)} + \frac{0.5772}{\sqrt{2\ln(\nu T_0)}} \tag{5.1.9}$$

式中：T_0 为时间周期；ν 为响应的有效频率，可保守取为结构自振频率[12]，计算的 g 值一般在 3 左右。

由以上可得节点 r 处设计峰值响应为

$$u_{\max} = g\sigma_u = \frac{g}{\sigma_u}\sum_{j=1}^{m}\sum_{k=1}^{m}\sigma_{uj}\sigma_{uk}r_{jk} = \sum_{j=1}^{m}g\sigma_{uj}\cdot\frac{\sum_{k=1}^{m}\sigma_{uk}r_{jk}}{\sigma_u}$$

$$= \sum_{j=1}^{m}a_j(g\sigma_{qj})\cdot W_j = \sum_{j=1}^{m}\boldsymbol{i}_r\boldsymbol{F}_j(g\sigma_{qj})\cdot W_j = \boldsymbol{i}_r\cdot\sum_{j=1}^{m}F_{ej}W_j = \boldsymbol{i}_r\boldsymbol{F}_e$$

$$(5.1.10)$$

式中：F_{ej} 为 j 阶模态等效风荷载；W_j 为 j 阶模态等效风荷载权因子；$\boldsymbol{F}_e$ 为以响应加权的全模态等效风荷载组合。由式(5.1.10)可知，等效风荷载 $\boldsymbol{F}_e$ 作用下的结构响应即为设计最大响应。式(5.1.10)中各变量具体表达式如下：

$$F_e = \sum_{j=1}^{m}F_{ej}W_j$$

$$F_{ej} = \boldsymbol{F}_j\cdot g\sigma_{qj} = \boldsymbol{M}\boldsymbol{\phi}_j\omega_j^2 g\sigma_{qj} \tag{5.1.11}$$

$$W_j = \frac{\sum_{k=1}^{m}\sigma_{uk}\boldsymbol{r}_{jk}}{\sigma_u}$$

以上计算中，考虑了模态间的耦合项，即采用 CQC 法。若采用 SRSS 法忽略模态位移交叉项（即取 $\boldsymbol{r}_{jk}$ 为单位矩阵），则有

$$\sigma_u^2 = \sum_{j=1}^{m}\sigma_{uj}^2 \tag{5.1.12}$$

$$W_j = \frac{\sigma_{uj}}{\sigma_u} \tag{5.1.13}$$

可以把 $\boldsymbol{F}_e$ 写成如下矩阵计算形式为

$$\boldsymbol{F}_e = \frac{g}{\sigma_u}\boldsymbol{F}\cdot\boldsymbol{\sigma}_{qq}\cdot\boldsymbol{F}^{\mathrm{T}}\cdot\boldsymbol{i}_r^{\mathrm{T}} \tag{5.1.14}$$

式中：$\boldsymbol{\sigma}_{qq}$ 为广义位移协方差矩阵。

模态惯性力组合等效风荷载计算程序：

```
1  function [Fiw, gui] = ewl_IWL(Inq,ModalPara,Ipara)
2  % 等效风荷载—模态惯性力组合法
3  % 广义位移协方差阵 Inq
4  % 模态参数 ModalPara
5  % 影响系数参数 Ipara
6  %
7  %   峰值因子
8  nt = sqrt(2 * log(600 * Omg(1)/pi/2) );
```

```
9   gr = nt + 0.5772 ./nt;
10  %   模态参数
11  Omg = ModalPara.Omg;
12  Q = ModalPara.Q;
13  M = ModalPara.M;
14  Kr = ModalPara.Kr;
15  Dw = diag(Omg .* Omg);
16  %   j-阶模态惯性力   %  式(5.1.1)
17  Fj = M * Q * Dw;
18  %   影响函数
19  Ix = Infun( Q, Kr, Ipara);
20  %  j-阶模态惯性力响应   %  式(5.1.5)
21  aj = Ix * Fj;
22  %   模态响应相关系数   %  式(5.1.7)
23  qj = sqrt(diag(Inq));
24  rjk = Inq ./(qj * qj');
25  %   j-阶响应   %  式(5.1.5)
26  uj = aj .* qj';
27  %   总响应   %  式(5.1.8)
28  varu = uj * rjk * uj';
29  stdu = sqrt(varu);
30  gui = gr * stdu;
31  %   j-阶模态等效风荷载   %  式(5.1.10)
32  for k = 1: size(Fj,2)
33      Fej(:,k) = Fj(:,k) * (gr * qj(k));
34  end
35  %   加权因子
36  Wj = rjk * uj' / stdu;
37  %   各阶模态等效风荷载加权组合
38  Fiw = real (Fej * Wj);
39  return
```

5.2　背景与共振等效风荷载

5.2.1　背景等效风荷载

湍流脉动风对结构产生随机脉动力,但不引起结构发生共振,即形成背景风

111

荷载和背景响应。荷载响应相关法（LRC）被认为是计算背景等效静力风荷载的有效方法。设脉动风作用下的结构背景响应为 σ_B，即

$$\sigma_B^2(z_r) = \int_0^H \int_0^H \overline{F(z_1,t)F(z_2,t)} \cdot i(z_r,z_1)i(z_r,z_2) \cdot \mathrm{d}z_1 \mathrm{d}z_2 \quad (5.2.1)$$

式中：$F(z,t)$ 为结构上高度 z 处脉动风荷载；$i(z_r,z)$ 为影响函数。

则背景响应 σ_B 下的背景等效风荷载按式（5.2.2）计算：

$$F_B(z) = g_B\rho(z)\sigma_p(z) \quad (5.2.2)$$

式中：g_B 为背景响应峰值因子，一般取值范围 $2.5 \sim 5$[12]；$\sigma_p(z)$ 为高度 z 处脉动风荷载根方差；$\rho(z)$ 为荷载响应相关系数，其计算式为

$$\rho(z) = \frac{\int_0^H \overline{F(z_1,t)F(z,t)} \cdot i(z_r,z_1) \cdot \mathrm{d}z_1}{\sigma_B \cdot \sigma_p(z)} \quad (5.2.3)$$

式（5.2.2）写成矩阵形式即为

$$\boldsymbol{F}_B = \frac{g_B}{\sigma_B} \cdot \boldsymbol{\sigma}_F^2 \cdot \boldsymbol{I}^{\mathrm{T}} \quad (5.2.4)$$

其中：$\boldsymbol{\sigma}_F^2$ 为脉动荷载协方差矩阵；$\boldsymbol{I}$ 为影响系数矩阵。

现计算背景等效风荷载 F_B 作用下的结构响应：

$$r_B = \int_0^H i(z_r,z) \cdot F_B(z) \cdot \mathrm{d}z = \frac{g_B}{\sigma_B} \int_0^H \int_0^H \overline{F(z_1,t)F(z,t)} \cdot i(z_r,z_1)i(z_r,z)\mathrm{d}z_1\mathrm{d}z$$

$$= \frac{g_B}{\sigma_B} \cdot \sigma_B^2(z_r) = g_B \cdot \sigma_B(z_r) \quad (5.2.5)$$

由上可见，在背景等效风荷载 F_B 作用下的结构背景响应确实为设计的最大响应。LRC 一般被认为是准确计算背景等效静风荷载的方法，但 LRC 等效静风荷载与所选结构响应有关，一般取为结构最大响应，如顶部位移、基底弯矩或剪力等。选择不同设计响应得到不同的等效静风荷载，当结构关键响应点众多时会带来应用上的困难。

LRC 等效风荷载计算程序：

```
1    function [Fb, gub] = ewl_LRC(Inw,ModalPara,Ipara)
2    %  背景等效风荷载—荷载响应相关法
3    %  荷载协方差阵 Inw
4    %  模态参数 ModalPara
5    %  影响系数参数 Ipara
6    %
7    %    背景峰值因子
```

```
8   gb = 3.0;
9   %   模态参数
10  Q = ModalPara.Q;
11  Kr = ModalPara.Kr;
12  %   影响系数矩阵
13  Ix = Infun( Q, Kr, Ipara);
14  %   荷载响应协方差
15  Lrc = Inw * Ix';
16  %   背景响应方差
17  varu = Ix * Lrc ;
18  stdu = sqrt(varu);
19  gub = gb * stdu;
20  %   等效风荷载
21  Fb = gb * Lrc ./ stdu;
22  Fb = real(Fb);
23  return
```

5.2.2　共振等效风荷载

类似于 5.1 节给定的系统,已知 j 阶模态惯性力为 $\boldsymbol{F}_j = \boldsymbol{M} \cdot \boldsymbol{\phi}_j \cdot \omega_j^2$,其作用下的响应为 $a_j = \boldsymbol{i}_r \cdot \boldsymbol{F}_j$,总响应的 j 阶模态分量为 $u_j = a_j \cdot q_j$。则按式(5.1.6)有

$$\sigma_{ujuk}^2 = a_j a_k \sigma_{qjqk}^2 \tag{5.2.6}$$

只考虑共振响应,则按式(3.1.14)计算得

$$\sigma_{uj}^2 = a_j^2 \sigma_{qj}^2 = \frac{a_j^2 S_{fj}(n_j)}{k_j^2} \cdot \frac{\pi n_j}{4\zeta_j} \tag{5.2.7}$$

$$\sigma_{ujuk}^2 = \sigma_{qjqk}^2 = 0 \quad (j \neq k)$$

可见模态响应相关系数 $\boldsymbol{r}_{jk}$ 为单位矩阵,也即实际采用 SRSS 法计算共振响应及共振等效风荷载。总响应及加权系数按式(5.1.12)及式(5.1.13)计算,按式(5.1.11)计算得基于响应加权的共振等效风荷载为

$$\boldsymbol{F}_R = \sum_{j=1}^m \boldsymbol{F}_{ej} W_j = \frac{g_R}{\sigma_u} \cdot \sum_{j=1}^m \boldsymbol{M}\boldsymbol{\phi}_j \omega_j^2 a_j \frac{S_{fj}(n_j)}{k_j^2} \frac{\pi n_j}{4\zeta_j} \tag{5.2.8}$$

式中:g_R 为共振响应峰值因子,可按式(5.1.9)计算。参考式(5.1.10)推导可知在共振等效风荷载 F_R 作用下,结构共振响应确实是设计的最大响应。

若在式(5.2.7)中按式(3.1.13)方法计算背景响应分量,则相应得到背景等效风荷载,但这样计算结果误差较大,特别是对于振型密集的大型建筑结构,

因此背景等效风荷载计算主要采用 LRC 法。

　　共振等效风荷载计算程序：

```
1   function [Fr,gur] = ewl_RSN(Sgf, ModalPara, …
2                               FreqPara, Ipara)
3   %  共振等效风荷载—以响应加权
4   %  广义力谱矩阵 Sgf
5   %  模态参数 ModalPara
6   %  频域参数 FreqPara
7   %  影响系数参数 Ipara
8   %
9   %    频域参数
10  Nfft = FreqPara.Nfft;
11  Fs = FreqPara.Fs;
12  N2 = fix(Nfft/2);
13  wf = (1:N2)'/Nfft * Fs * 2* pi;
14  %    模态参数
15  Ksi = ModalPara.Ksi;
16  Omg = ModalPara.Omg;
17  Q = ModalPara.Q;
18  M = ModalPara.M;
19  Kr = ModalPara.Kr;
20  Dw = diag(Omg.* Omg);
21  %    峰值因子
22  nt = sqrt(2 * log(600 * Omg(1)/pi/2) );
23  gr = nt + 0.5772./nt;
24  %   j-阶模态惯性力   % 式(5.1.1)
25  Fj = M * Q * Dw;
26  %   影响函数
27  Ix = Infun( Q, Kr, Ipara);
28  %   j-阶模态惯性力响应   % 式(5.1.5)
29  aj = Ix * Fj;
30  %   模态共振响应
31  for i = 1: size(Q,2)
32      isf =  interp1(wf, Sgf{i,i}, Omg(i));
33      qj(i,1) = sqrt(isf* Omg(i)/(8* Kr(i)^2* Ksi(i)));
34  end
```

```
35  %   j-阶共振响应  %  式(5.1.5)
36  uj = aj .* qj';
37  %   总共振响应   %  式(5.1.8)
38  vru = uj * uj';
39  stdu = sqrt(vru);
40  gur = gr * stdu;
41  %   j-阶共振等效风荷载  %  式(5.2.8)
42  for k = 1:size(Fj,2)
43     Fej(:,k) = Fj(:,k) * (gr* qj(k));
44  end
45  %   权因子/加权组合
46  Wj = uj' / stdu;
47  Fiw = Fej * Wj;
48  Fr = real(Fiw);
49  return
```

5.2.3 背景与共振等效风荷载组合

背景和共振等效风荷载按以下方式组合得总的等效风荷载:

$$F_c(z) = W_B F_B(z) + W_R F_R(z) \tag{5.2.9}$$

其中 W_B 和 W_R 分别为背景和共振等效风荷载的加权因子:

$$W_B = \frac{g_B \sigma_B}{(g_B^2 \sigma_B^2 + g_R^2 \sigma_R^2)^{1/2}} \tag{5.2.10}$$

$$W_R = \frac{g_R \sigma_R}{(g_B^2 \sigma_B^2 + g_R^2 \sigma_R^2)^{1/2}}$$

由背景和共振等效风荷载的定义可知,结构在脉动风总等效风荷载作用下的响应确实为结构设计的最大响应,即有

$$\int_0^H i(z_r, z) F_c(z) \mathrm{d}z = \sqrt{(g_B^2 \sigma_B^2 + g_R^2 \sigma_R^2)} = \sigma_{u,\max} \tag{5.2.11}$$

总等效风荷载也可近似按下式计算[12]:

$$F_c(z) = \sqrt{F_B^2 + F_R^2} \tag{5.2.12}$$

5.3 风振系数

对于高层建筑和高耸结构的风荷载标准值,我国荷载规范定义的风振系数 β_z 为结构受到的顺风向最大风荷载与平均风荷载比值。设 $p_s(z)$ 为平均风荷

载，$p_d(z)$ 为脉动风等效静力荷载，则

$$\beta_z = \frac{F_s(z) + F_d(z)}{F_s(z)} = 1 + \frac{F_d(z)}{F_s(z)} \qquad (5.3.1)$$

其中，平均风荷载由式(2.1.2)计算为

$$F_s(z) = \mu_s \mu_z w_0 A(z) \qquad (5.3.2)$$

此处 $A(z)$ 为迎风面积。脉动风荷载计算为顺风向一阶风振惯性力：

$$F_d(z) = M\phi_1 \omega_1^2 g\sigma_{q1} = M\omega_1^2 g\sigma_{y1} \qquad (5.3.3)$$

式中：σ_{y1} 为一阶位移响应根方差；g 为峰值因子。

以上风振系数在文献[7]中称之为荷载风振系数，相应采用结构最大位移响应与平均位移响应的比值作为风振系数，称为位移风振系数。位移风振系数定义为

$$\beta_y = \frac{Y_s + Y_d}{Y_s} = 1 + \frac{Y_d}{Y_s} = 1 + \frac{g\sigma_y}{Y_s} \qquad (5.3.4)$$

式中：Y_s 和 Y_d 分别为结构顶部的平均位移和峰值脉动位移；σ_y 为结构顶部位移根方差；g 为峰值因子。

式(5.3.4)的 β_y 实际就是阵风荷载因子(GLF 或 GRF，常用符号 G 表示)，β_y 沿高度为一常数，这给应用带来了方便，但与我国规范的 β_z 沿高度变化情况有很大区别。计算结构等效风荷载时，二者均以风振系数乘以平均风荷载得到

$$F_e(z) = \beta_i \cdot F_s(z) \qquad (i = z, y) \qquad (5.3.5)$$

由以上可见，以阵风荷载因子计算的等效风荷载分布形式与平均风荷载分布形式一致，类似于风剖面(平方)形状，与我国规范的风振系数计算的等效风荷载分布形式有明显区别。前者在有些情况下误差会较大，而采用我国规范的风振系数计算结果相对准确[7]。但要指出的是，无论是风振系数还是阵风荷载因子，都是为了简化应用，都有局限性。随着现代计算机技术的发展，采用基于随机振动理论方法分析结构风振响应及其等效风荷载已经是轻而易举，对于复杂大型建筑结构来说，计算精度更有保障。

5.4　三维阵风效应因子

风振系数的定义主要是针对顺风向等效静力风荷载，在三维风振响应分析中，顺风向以外的其他方向平均风荷载或平均响应常为零，此时风振系数就无法定义，或平均值很小导致风振系数值极大。Piccardo & Solari 等人在结构三维风振响应分析中，提出了计算任意方向等效风荷载的三维阵风效应因子法[4-5]，对

Davenport 的阵风荷载因子进行了推广。

假设高层建筑结构近似为线性特性,并且各响应分量(顺风向 x、横风向 y 及扭转 θ)为相互独立的平稳随机高斯过程。设在 α 方向高度 r 处的峰值响应为

$$e_{\alpha,\max}(r) = E_\alpha(r) + g_\alpha^e(r) \cdot \sigma_\alpha^e(r) = E_\alpha(r) + g_\alpha^e(r) \cdot \sqrt{(\sigma_{B\alpha}^e)^2 + (\sigma_{R\alpha}^e)^2}$$

$$= G_\alpha^e(r) \cdot E_\alpha^x(r) \quad (\alpha = x, y, \theta) \tag{5.4.1}$$

式中:E_α 为平均响应;σ_α^e 为脉动响应根方差;g_α^e 为峰值因子;$\sigma_{B\alpha}^e$ 和 $\sigma_{R\alpha}^e$ 分别为背景响应和共振响应;G_α^e 为阵风效应因子;E_α^x 广义静态荷载响应;下标 α 为 x, y, θ 三维空间方向;上标 e 为响应类型,如 $e = d$ 为位移响应,$e = b$ 为弯矩响应,$e = s$ 为剪力响应等。式(5.4.1)各变量计算式为

$$E_\alpha(r) = \int_0^H F_\alpha(z) \cdot i_\alpha^e(r,z)\,\mathrm{d}z \tag{5.4.2}$$

$$E_\alpha^x(r) = \lambda_\alpha \int_0^H F_x(z) \cdot i_\alpha^e(r,z)\,\mathrm{d}z \tag{5.4.3}$$

$$\sigma_{B\alpha}^e(r) = \left(\int_0^\infty \mathrm{d}n \int_0^H \int_0^H S_{FF\alpha}(z_1, z_2, n) \cdot i_\alpha^e(r, z_1) i_\alpha^e(r, z_2)\,\mathrm{d}z_1 \mathrm{d}z_2 \right)^{1/2}$$

$$\tag{5.4.4}$$

$$\sigma_{R\alpha}^e(r) = \frac{m_{\alpha 1}^e(r)}{m_{\alpha 1}} \left(\int_0^H \int_0^H S_{FF\alpha}(z_1, z_2, n_1) \phi_{\alpha 1}(z_1) \phi_{\alpha 1}(z_2)\,\mathrm{d}z_1 \mathrm{d}z_2 \right)^{1/2} \sqrt{\frac{\pi n_{\alpha 1}}{4 \zeta_{\alpha 1}}}$$

$$\tag{5.4.5}$$

$$m_{\alpha 1}^e(r) = \int_0^H m_{0\alpha}(z) \phi_{\alpha 1}(z) i_\alpha^e(r,z)\,\mathrm{d}z \tag{5.4.6}$$

其中:F_α 为平均风荷载;i_α^e 为影响函数;$n_{\alpha 1}$ 为一阶固有频率;$\phi_{\alpha 1}$ 为基阶振型;$\zeta_{\alpha 1}$ 为阻尼比;$m_{\alpha 1}$ 为一阶模态质量;$m_{0\alpha}$ 为单位长度质量或质量惯矩;$S_{FF\alpha}$ 为脉动风荷载互功率谱;广义平均风荷载参数 $\lambda_x = \lambda_y = 1, \lambda_\theta = B, B$ 为结构特征宽度。

由式(5.4.1)可得 3D GEF 计算式为

$$G_\alpha^e(r) = \frac{E_\alpha(r)}{E_\alpha^x(r)} + g_\alpha^e(r) \cdot \frac{\sqrt{(\sigma_{B\alpha}^e)^2 + (\sigma_{R\alpha}^e)^2}}{E_\alpha^x(r)} \tag{5.4.7}$$

由式(5.4.7)可以看出,当 $\alpha = x$ 且 $e = d$ 时 G_x^d 实际就是位移风振系数 GLF,因此可以说 GLF 是 3D GEF 的一个特例。

利用 3D GEF 计算结构三维等效风荷载为

$$F_{\alpha,es}^e(r,z) = \lambda_\alpha F_x(z) G_\alpha^e(r) \tag{5.4.8}$$

5.5 等效风荷载算例

5.5.1 算例1——分量与组合

已知一高耸钢结构高度 $H=200\mathrm{m}$，迎风宽度 $B=30\mathrm{m}$，质量为均匀分布 $m_0=32\mathrm{t/m}$；阻力系数为常数 0.65，B 类地貌，10m 高度处风速为 30m/s。只考虑前三阶模态，结构自振频率分别为 0.55Hz、3.45Hz 和 9.65Hz；结构前三阶振型如图 5.1 所示。计算该结构等效风荷载分布及其响应。

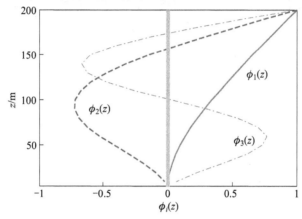

图 5.1　结构前三阶振型

算例 1 程序如下：

```
1   %  exam_5_1.m
2   %   频域参数
3   FreqPara.Nfft = 5000;
4   FreqPara.Fs = 50;
5   H = 200;  B = 30 ;     %  结构高/宽
6   dz = 10;               %  离散
7   z = [H: -dz : dz]';    %  节点高度
8   nz = length(z);
9   dh = [dz/2, dz* ones(1,nz -1)]';  %  单元高度
10  mus = 0.65;            %  体型系数
11  %  风场参数
12  ABLtype = 'B ';        %  B 类地貌
13  WdPara.alfa = 0.15;    %  剖面指数
14  WdPara.ur = 30;        %  参考风速
```

```
15  WdPara.zr = 10;            %  参考高度
16  WdPara.z = z;
17  WdPara = pow_log(WdPara);
18  %   平均风荷载
19  wa = 0.5* 1.225* (WdPara.Uz).^2 .* mus. * B. * dh ;
20  %   脉动风荷载根方差
21  mz = wa .* Iuz(z, ABLtype) * 2;
22  %   脉动风荷载谱
23  wptype.sp = 1;
24  wptype.coh = 2;
25  Spw = Wsp(mz, WdPara, FreqPara, wptype,B);
26  %   结构模态参数
27  sel = 1:3;  %   选择模态
28  [M, K, Q, Dw] = modal_exam_5_1;
29  Q = Q(:,sel);
30  Omg = sqrt(Dw(sel));
31  ModalPara.Mr = diag( Q' * M * Q );
32  ModalPara.Kr = diag( Q' * K * Q );
33  ModalPara.Ksi = 0.01* ones(size(Q,2),1);
34  ModalPara.M = M;
35  ModalPara.Q = Q;
36  ModalPara.Omg = Omg;
37  %   广义力谱
38  [Sgf, Inw] = genf_mod(Spw,1,ModalPara,FreqPara);
39  %   广义位移谱
40  [Sgq, Inq] = genq_mod(Sgf, ModalPara,FreqPara);
41  %
42  %   目标等效风荷载
43  Ipara.flg = 11;  Ipara.z = [];   %  顶部位移等效
44  %   模态惯性力组合
45  ef1 = ewl_IWL(Inq, ModalPara, Ipara) ./dh;
46  %   背景与共振等效风荷载
47  [efr1,gr1] = ewl_RSN(Sgf,ModalPara,FreqPara,Ipara);
48  [efb1,gb1] = ewl_LRC(Inw, ModalPara, Ipara);
49  %   背景与共振组合总等效风荷载
50  ef2 = (efb1* gb1 + efr1* gr1)/sqrt(gb1^2 + gr1^2). /dh;
51  %
```

119

```
52  %    等效风荷载静态响应
53  Ipara.flg = 1;  Ipara.z = [];  % 位移响应
54  ref1 = stati(ef1.* dh, ModalPara, Ipara);
55  ref2 = stati(ef2.* dh, ModalPara, Ipara);
56  return
```

图5.2给出了不同响应加权的模态惯性力组合等效风荷载及其响应。由图可见,三种响应加权(分别为顶部位移、基底弯矩及剪力)的模态惯性力组合等效风荷载基本接近,剪力响应加权组合与其他两种的差别略大。三种等效风荷载计算的结构响应接近。

图5.3给出了不同响应等效的背景与共振组合等效风荷载及其响应。由图可见,同模态惯性力组合情况类似,三种响应等效的总等效风荷载也基本接近,而剪力等效结果差别略大;背景与共振组合等效风荷载与响应加权的模态惯性力组合等效风荷载结果接近,几种等效风荷载计算的结构响应均较接近。

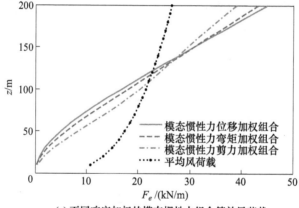

(a) 不同响应加权的模态惯性力组合等效风荷载

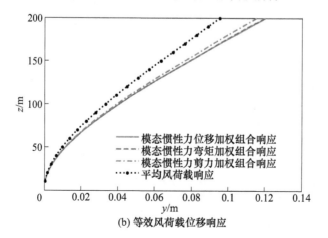

(b) 等效风荷载位移响应

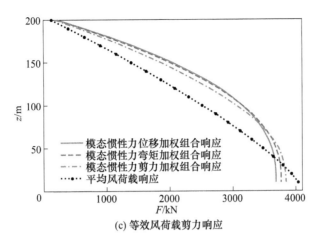

(c) 等效风荷载剪力响应

图 5.2 不同响应加权的模态惯性力组合等效风荷载及其响应

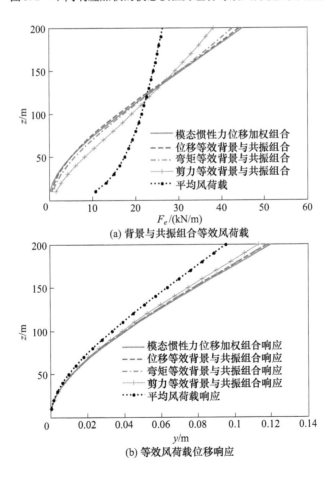

(a) 背景与共振组合等效风荷载

(b) 等效风荷载位移响应

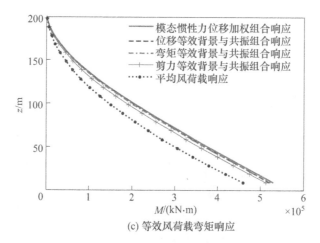

(c) 等效风荷载弯矩响应

图 5.3 背景与共振组合等效风荷载及其响应

图 5.4 给出了不同响应等效的背景与共振分量等效风荷载及其响应,由图可见,共振分量等效风荷载较大,最大值在结构顶部约为 40kN/m;背景分量最

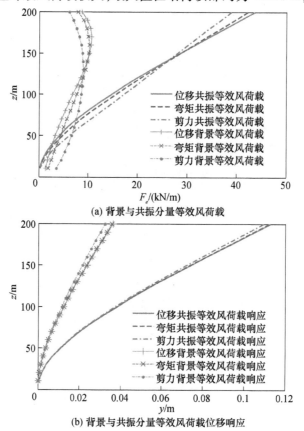

(a) 背景与共振分量等效风荷载

(b) 背景与共振分量等效风荷载位移响应

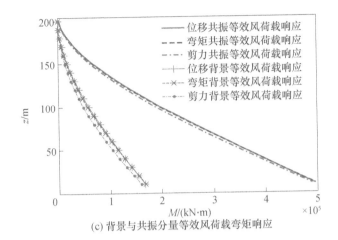

(c) 背景与共振分量等效风荷载弯矩响应

图5.4 背景与共振分量等效风荷载及其响应

大荷载约为10kN/m,在结构高度160m左右位置。不同响应等效的背景与共振分量等效风荷载计算的响应也分别较为接近。

5.5.2 算例2——风振系数

已知一圆形钢烟囱,高 $H = 100$m,外形为直线 $B(H)/B(0) = 0.5$,体型系数为常数,$w_0 = 0.4$kN/m²,B类地貌,已求得 $T_1 = 0.5$s 及第一振型为已知,计算高度分为5等分,求风振系数及风振力。

本算例引用自文献[7],相关其他计算参数可参见文献中。为与文献中的结果对比,首先采用当时规范中的风压脉动系数及风压高度变化系数进行计算(文献[7]方法),得到风振系数、阵风荷载因子及其响应,再按现行规范中的湍流度等参数进行计算,其中峰值因子取为2.5。

算例2程序如下:

```
1  %  exam_5_2.m
2  %  结构参数
3  H = 100;                    %  结构高度
4  dz = 20;                    %  离散
5  z = [H: -dz : dz]';         %  节点高度
6  dh = [dz/2, dz* ones(1,length(z) -1)]';   %  单元高度
7  B0 = 20;
8  B = B0 * [0.5:0.1:0.9]';              %  结构变化宽度
9  mus = 1.3;                            %  体型系数
10 %  频域参数
11 FreqPara.Fs = 50;
```

```
12   FreqPara.Nfft = 5000;
13   %   风场参数
14   w0 = 0.4;                                    %   基本风压
15   ABLtype = 'B';                               %   B 类地貌
16   WdPara.alfa = 0.16;                          %   剖面指数
17   WdPara.ur = sqrt(w0 * 1690);                 %   参考风速
18   WdPara.zr = 10;                              %   参考高度
19   WdPara.z = z;
20   WdPara = pow_log(WdPara);
21   %   结构模态参数
22   Q = [1 0.68 0.39 0.18 0.04]';
23   m0 = 1000;
24   M = diag(m0* [0.125 0.36 0.49 0.64 0.81]);
25   ModalPara.Mr = diag(Q' * M * Q);
26   Omg = 2 * 2* pi;
27   ModalPara.Kr = Omg.^2 .* ModalPara.Mr;
28   ModalPara.Ksi = 0.01 * ones(size(Q,2));
29   ModalPara.M = M;
30   ModalPara.Q = Q;
31   ModalPara.Omg = Omg;
32   %   文献方法(以前规范参数)
33   % g = 1;
34   % mz = muz0(z, ABLtype);                      %   风压高度变化系数
35   % wa = mz.* mus.* dh.* B * w0;                %   平均风荷载
36   % wz  = wa.* muf0(z, ABLtype);                %   脉动荷载根方差
37   %   现规范参数
38   g = 2.5;
39   mz = muz(z, ABLtype);                        %   风压高度变化系数
40   wa = mz.* mus.* dh.* B * w0;                 %   平均风荷载
41   wz  = wa.* Iuz(z, ABLtype) * 2;              %   脉动荷载根方差
42   %   风谱类型
43   wptype.sp = 1;   %   Davenport
44   wptype.coh = 2;  %   相关
45   %   脉动风荷载谱(不计横向相关)
46   Spw = Wsp( wz, WdPara, FreqPara, wptype, 0);
47   %   广义力谱/协方差
```

```
48  [Sgf, Inw] = genf_mod(Spw,1,ModalPara,FreqPara);
49  %    广义位移谱/协方差
50  [Sgq, Inq] = genq_mod(Sgf, ModalPara, FreqPara);
51  %    峰值位移响应
52  Ipara.flg = 1; Ipara.z = [];
53  stdy = std_mod(Inq, ModalPara, Ipara);
54  %    平均位移响应
55  my = stati(wa, ModalPara, Ipara);
56  %
57  %    风振系数
58  pf1 = g * M * stdy * Omg(1)^2 ;
59  btz1 = 1 + pf1 . / wa;
60  %    GLF 因子
61  glf = 1 + g * stdy. /my;
62  return
```

运行以上程序,计算风振系数为

$\beta(100) = 1.73, \beta(80) = 1.65, \beta(60) = 1.48, \beta(40) = 1.29, \beta(20) = 1.09$。

文献中给出的结果为

$\beta(100) = 1.71, \beta(80) = 1.62, \beta(60) = 1.46, \beta(40) = 1.27, \beta(20) = 1.09$。

可见二者相差很小。计算的阵风荷载因子(GLF)为 1.58。

另采用现行规范中的风压脉动系数及风压高度变化系数进行计算,并采用现行规范简化公式计算风振系数及等效风荷载(GBJ)。计算结果为

$\beta(100) = 2.06, \beta(80) = 1.93, \beta(60) = 1.68, \beta(40) = 1.40, \beta(20) = 1.12$。

按现行规范简化公式计算结果为

$\beta(100) = 2.30, \beta(80) = 1.95, \beta(60) = 1.59, \beta(40) = 1.31, \beta(20) = 1.08$。

可见二者结果也较接近。计算的阵风荷载因子(GLF)为 1.83。

图 5.5 显示了采用文献[7]及规范方法分别计算的风振系数、GLF 及其等效风荷载分布,同时给出了平均风荷载分布。阵风荷载因子沿高度为常数,由 GLF 法计算的等效风荷载分布形状类似平均风荷载分布,最大值约在模型中部;风振系数沿高度逐渐增大,按现行 GBJ 计算的风振系数在顶部最大;由风振系数计算的最大荷载约在 80m 高处,比 GLF 法的最大值大约 20kN/m,但在结构下半部 GLF 法荷载值明显大于 GBJ 的结果。

5.5.3　算例3——3D GEF

结构物同 4.2.4.1 节算例,计算其不同影响函数的顺风向及横风向 3D GEF。

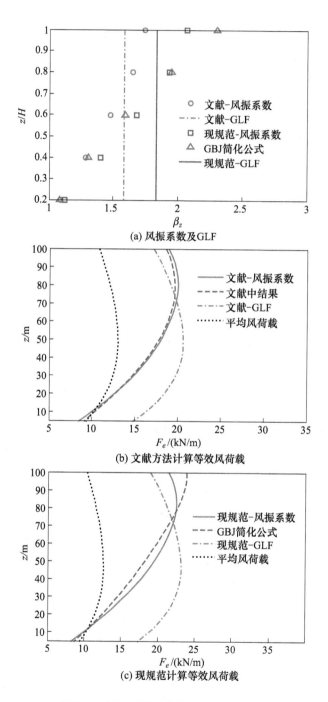

(a) 风振系数及GLF

(b) 文献方法计算等效风荷载

(c) 现规范计算等效风荷载

图 5.5　风振系数及其等效风荷载分布

计算程序如下：

```
1   % exam_5_3.m
2   %   频域参数
3   FreqPara.Nfft = 5000;
4   FreqPara.Fs = 20;
5   %   结构参数
6   H = 180;
7   dz = 9;
8   z = [H: -dz: dz]';
9   nz = length(z);
10  dh = dz * [0.5, ones(1, nz-1)]';
11  B = 5.6;
12  %   荷载系数
13  Cd = 0.8;    %   阻力系数
14  Cs = 0.28;   %   横向尾流激励
15  %   结构模态参数
16  Q = (z/H).^2.15;
17  m0 = 10686 ;
18  M = diag(m0 * dh);
19  ModalPara.Mr = diag(Q' * M * Q);
20  Omg = 0.26 * 2* pi;
21  ModalPara.Kr = ModalPara.Mr .* Omg.^2;
22  ModalPara.Ksi = 0.005;
23  ModalPara.M = M;
24  ModalPara.Q = Q;
25  ModalPara.Omg = Omg;
26  %   风场参数
27  z0 = 0.1;                %   粗糙长度
28  Iu = 1./log(z/z0);       %   纵向湍流度
29  Iv = 0.75 * Iu;          %   横向湍流度
30  WdPara.alfa = 0.15;
31  WdPara.zr = 180;
32  WdPara.z0 = z0;
33  WdPara.z = z;
34  WdPara.ur = 20;
35  WdPara = pow_log(WdPara);
```

```
36  %    峰值因子
37  nt = sqrt(2 * log(300 * Omg/pi) );
38  gr = nt + 0.5772 ./nt;
39  %    平均风荷载
40  wa0 = 0.5* 1.25* (WdPara.Uz).^2.* B.* dh ;
41  wa = wa0 * Cd;
42  %
43  %    计算顺风向 - 脉动风荷载谱
44  % mz = wa0 .* Iu * 2 * Cd ;
45  % wptype3D = 1;    % 1 =纵向
46  % Spw = Wsp_3d( mz,WdPara,FreqPara,wptype3D,B,H);
47  %
48  %    计算横风向 - 脉动风荷载谱
49     mz = wa0 .* Iv * Cd ;
50     wptype3D = 2;    % 2 =横向
51     Spw2 = Wsp_3d(mz,WdPara,FreqPara,wptype3D,B,H);
52  %  尾流激励谱
53     mz = wa0 * Cs;
54     wptype3D = 3;    % 3 =尾流
55     Spw3 = Wsp_3d(mz,WdPara,FreqPara,wptype3D,B,H);
56  %  横风向荷载谱叠加
57     for ki = 1:size(Spw2,1);
58     for kj = 1:size(Spw2,2);
59         Spw{ki,kj} = Spw2{ki,kj} + Spw3{ki,kj};
60     end
61     end
62  %
63  %  广义力谱
64  [Sgf, Inw]= genf_mod(Spw,1,ModalPara,FreqPara);
65  %  广义位移谱
66  [Sgq, Inq]= genq_mod(Sgf, ModalPara, FreqPara);
67  %  影响系数
68  Ipara.flg = 1;   Ipara.z = z;     % 位移响应
69  %  Ipara.flg = 11;   Ipara.z = z;   % 顶部位移响应
70  %  Ipara.flg = 12;   Ipara.z = z;   % 基底弯矩响应
71  %  Ipara.flg = 13;   Ipara.z = z;   % 基底剪力响应
```

```
72  %    平均响应
73  mr = stati(wa, ModalPara, Ipara);
74  %    脉动响应
75  stdy = std_mod(Inq, ModalPara, Ipara );
76  % 3D GEF
77  % Gx =  gr * stdy. /mr + 1；   % 顺风向 - GEF
78   Gy =  gr * stdy. /mr;         % 横风向 - GEF
79  return
```

图 5.6 给出了结构顶部参考风速 $U(H) = 20\text{m/s}$ 时的 GEF 分布。顺风向时 GEF 值在 $2 \sim 3.25$ 之间，横风向时为 $0.5 \sim 0.75$ 之间；位移影响函数的 GEF 为常数，而剪力和弯矩影响函数的 GEF 随高度逐渐增大。图中同时给出了文献 [4] 中解析公式（Closed Form Solution, CFS. 参见附录计算程序）的计算结果（细点线），可见本书计算结果同 CFS 结果基本一致，特别位移 GEF 二者差别很小，误差最大为基底弯矩及剪力 GEF，最大相差约 0.18。这可能是由于数值积

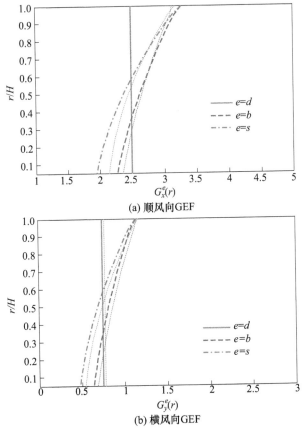

(a) 顺风向GEF

(b) 横风向GEF

图 5.6　不同影响函数的 3D GEF 随高度变化（$U(H) = 20\text{m/s}$）

分带来的误差,并且所采用的峰值因子不相同所致。文献中的峰值因子计算较为复杂,本文采用了简化式(5.1.9)进行计算。

图5.7给出了结构顶部位移 GEF、基底弯矩及剪力 GEF 随参考风速变化计算结果,图中同时给出了 CFS 计算结果(细点线)。由图可见,顺风向 GEF 随风速逐渐增大,值为 1.5~3 之间;横风向受尾流激励时 GEF 值很大($U(H) \approx 8\text{m/s}$),最大位移 GEF 超过 15,其余风速下 GEF 值均较小不超过 1.2。

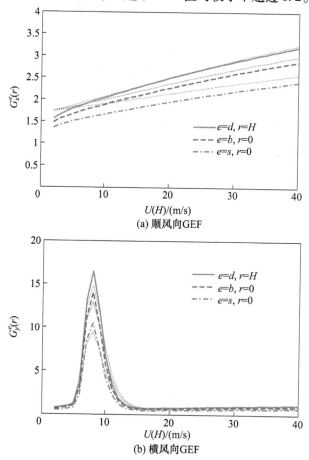

图 5.7　不同影响函数的 3D GEF 随风速变化

参 考 文 献

[1] Davenport A G. Gust load factor [J]. Journal of the Structural Division, 1967, 93: 11 – 34.

[2] Kareem A, Zhou Y. Gust loading factor—past, present and future [J]. Journal of Wind Engineering and Industrial Aerodynamics, 2003, 91(12 – 15): 1301 – 1328.

[3] Zhou Y, Kareem A. Gust loading factor: new method [J]. Journal of Structural Engineering, 2001, 127 (2): 168 – 175.

[4] Piccardo G, Solari G. 3D gust effect factor for slender vertical structures[J]. Probabilistic Engineering Mechanics, 2002, 17(2): 143 – 155.

[5] Piccardo G, Solari G. 3D Wind – Excited Response of Slender Structures: Closed – Form Solution[J]. Journal of Structural Engineering, 2000, 126(8): 936 – 943.

[6] 张相庭. 结构风压与风振计算[M]. 上海: 同济大学出版社, 1985.

[7] 张相庭. 结构风工程[M]. 北京: 中国建筑工业出版社, 2006.

[8] 中华人民共和国住房和城乡建设部. 建筑结构荷载规范(GB50009 – 2012)[S]. 北京: 中国建筑工业出版社, 2012.

[9] Kasperski M, Niemann H J. The L. R. C. (load – response – correlation) method: a general method of estimating unfavourable wind load distributions for linear and non – linear structural behaviour [J]. Journal of Wind Engineering and Industrial Aerodynamics, 1992, 43(1 – 3): 1753 – 1763.

[10] Holmes J D. Effective static load distributions in wind engineering [J]. Journal of Wind Engineering and Industrial Aerodynamics, 2002, 90(2): 91 – 109.

[11] 李方慧. 大跨屋盖结构实用抗风设计[M]. 哈尔滨: 黑龙江大学出版社, 2008.

[12] Holmes J D. Wind loading of structures [M]. London: Taylor & Francis, 2007.

附录 A   部分参考程序

A.1   脉动系数和风压高度变化系数(以前规范)

为给出本书计算结果与文献中的结果对比,文中部分算例(第3章、第5章)采用了与文献一致的脉动系数和风压高度变化系数参数(对应当时规范)。程序列如下:

```
1   function uf = muf0(z, ABLtype)
2   %  脉动系数(以前荷载规范)
3   %  高度 z
4   %  大气边界层类型 ABLtype
5   %
6   switch upper(strtrim(ABLtype))
7       case 'A'
8           alf = 0.12;
9       case 'B'
10          alf = 0.16;
11      case 'C'
12          alf = 0.22;
13      case 'D'
14          alf = 0.30;
15  end
16  z(z > =400) = 350;
17  uf = (10./z).^alf* 0.5* 35^(1.8* (alf - 0.16));
18  return
```

```
1   function uz = muz0(z, ABLtype)
2   %  风压高度变化系数(以前荷载规范)
3   %  高度 z
4   %  大气边界层类型 ABLtype
```

```
5  %
6  switch upper(strtrim(ABLtype))
7     case 'A'
8          Ht = 300;   alf = 0.12;
9     case 'B'
10          Ht = 350;   alf = 0.16;
11     case 'C'
12          Ht = 400;   alf = 0.22;
13     case 'D'
14          Ht = 450;   alf = 0.3;
15  end
16  uz = 3.12 * ones(size(z));
17  uz(z < = Ht) = (z(z < = Ht)/Ht).^(2* alf)* (35^0.32);
18  return
```

A.2　结构动力特性参数

一般高层建筑结构可以简化为竖直的悬臂梁型结构,对这类结构进行动力特性计算时,可以采用按段划分集中质量进行离散成多自由度体系(如高层建筑按层离散成多自由度体系),俗称"糖葫芦型"结构。根据悬臂梁理论计算其动力特性参数,计算程序如下:

```
1  function [M, K, Q, Dw] = modal_beam
2  % 悬臂型结构动力分析
3  H = 100;  %    高度(输入)
4  dz = 10;  %    离散高
5  % 结构离散高度(由上至下)
6  L = [H: -dz: dz]';  %   离散节点
7  N = length(L);
8  dh = dz* [1/2; size(N-1,1)];  %   离散单元
9  %   结构质量矩阵
10  m0 = 1e3;  %    均布质量(输入)
11  M = diag(dh* m0);
12  %    抗弯刚度(输入)
13  EI = 1e11;
14  %
15  invK = zeros(N);
```

```
16  for i = 1 : N
17     for j = i : N
18        a = L(i);   x = L(j);
19        invK(i,j) = x^2 * (3* a - x) /6 /EI;
20        invK(j,i) = invK(i,j);
21     end
22  end
23  K = inv(invK);          %   结构刚度矩阵
24  [Q, Dw] = eig(K, M);  %   振型和频率
25  return
```

A.3　脉动响应根方差

采用振型叠加法计算结构响应中,若不需要响应谱函数,则可以直接利用广义位移协方差矩阵计算结构的脉动响应方差,这样可避免计算过程中存储大量数据和额外计算量,提高计算效率。

```
1   function [stcqc, stsrs] = std_mod(Inq, ModalPara, Ipara)
2   %  结构响应方差—模态叠加法 CQC & SRSS
3   %  广义位移协方差 Inq
4   %  模态参数 ModalPara
5   %  影响系数参数 Ipara
6   %
7   Q = ModalPara. Q;
8   M = ModalPara. M;
9   Omg = ModalPara. Omg;
10  Kr = ModalPara. Kr;
11  %
12  %  影响系数
13  Ix = Infun( Q, Kr, Ipara);
14  %  广义响应模态
15  Dw = diag(Omg. * Omg);
16  Am = Ix * M * Q * Dw;
17  %  CQC
18  vcqc = diag( Am * Inq * Am');
19  stcqc = sqrt(real(vcqc));
20  %  SRSS
```

```
21  vsrss = diag(Am * diag(diag(Inq)) * Am');
22  stsrs = real(sqrt(vsrss));
23  return
```

A.4 模态惯性力组合等效风荷载—矩阵计算

```
1   function [fiw, gui] = ewl_MIWL(Inq,ModalPara,Ipara)
2   %  模态惯性力组合等效风荷载—矩阵计算
3   %  广义位移协方差阵 Inq
4   %  模态参数 ModalPara
5   %  影响系数参数 Ipara
6   %
7   Omg = ModalPara.Omg;
8   Q = ModalPara.Q;
9   M = ModalPara.M;
10  Kr = ModalPara.Kr;
11  Dw = diag(Omg.* Omg);
12  %  峰值因子
13  nt = sqrt(2 * log(600 * Omg(1)/pi/2) );
14  g = nt + 0.5772./nt;
15  %
16  Gmf = M* Q* Dw* Inq* Dw'* Q'* M';
17  %  影响函数
18  Ix = Infun( Q, Kr, Ipara);
19  %  响应
20  Fe =  Gmf * Ix';
21  varu = Ix * Fe;
22  stdu = sqrt(varu);
23  gui = g* stdu;
24  %  等效风荷载
25  ef = g * Fe /stdu ;
26  fiw = real(ef);
27  return
```

A.5 3D GEF 解析计算

在 3D GEF 算例中,文献中列出了封闭解析式(CFS),以下为其计算程序,其中已列出了对应的 CFS 算式序号,可参见相关文献。

```
1   % exam_PS_model_CFS.m
2   % 3D GEF 随高度变化(位移、弯矩与剪力)
3   clear, clc,  % close all,
4   %   结构参数
5   H = 180;      % 结构高
6   dz = 9;       % 离散
7   z = (H: -dz: dz)';  z(1) = z(1) -1e-5;
8   b = 5.6;          % 结构宽
9   m0 = 10686 ;  % 质量分布
10  det = 0;          % 质量系数
11  sz1 = ones(size(z));
12  zH = z/H;
13  %   风场参数
14  alfa = 0.15;        % 剖面指数
15  z0 = 0.1;           % 粗糙长度
16  Iu = 1./log(z/z0);  % 纵向湍流度
17  Iv = 0.75* Iu;      % 横向湍流度
18  Lu = 300* (z/200).^0.555;   % 纵向积分尺度
19  Lv = 0.25* Lu;              % 横向积分尺度
20  tao = 1;
21  T = 600;
22  du = 6.868;
23  dv = 9.434;
24  Czu = 7;
25  Czv = 6.5;
26  %   模态参数
27  pha = 2.15;    % 振型指数
28  n1 = 0.26;     % 一阶频率
29  ks1 = 0.005;   % 阻尼比
30  %   气动参数
31  Cd = 0.8;     % 阻力系数
32  Cs = 0.28;    % 尾流系数
33  cxu = Cd; cyv = Cd; cys = Cs;
34  %   尾流参数
35  Ls = 3;
```

```
36  S = 0.19;
37  Ba = sqrt(2)* Iu;
38  %
39  UH = 20;          % 结构顶参考风速
40  Uz = UH* zH.^alfa; % 风速分布
41  %   解析式变量
42  id = 1; ib = 2; is = 3;  % 响应类型 e
43  ndx = [id ib is];
44  Ju = 2* Iu(1);  Jv = Iv(1);  Js = 1;
45  % Table 2
46  ma1 = m0* H* (1/(2* pha +1) - det/(2* pha +2));
47  zH0 = zH.^pha ;  zH1 = zH0 .* zH;
48  zH2 = zH1 .* zH; zH3 = zH2 .* zH;
49  mae(:,id) = zH0/(2* pi* n1)^2;
50  mae(:,ib) = m0* H* H* ((1 +det* zH)/(pha +2).* (1 - zH2) - …
51          zH/(pha +1).* (1 - zH1) - det/(pha +3)* (1 - zH3));
52  mae(:,is) = m0* H* ((1 - zH1)/(pha +1) - det/ …
53          (pha +2)* (1 - zH2));
54  % Table 3
55  zH6 = zH.^(alfa +1);   zH7 = zH6 .* zH;
56  zH8 = zH.^(2* alfa +1); zH9 = zH8 .* zH;
57  Kp(:,id) = 1/(ma1* (2* pi* n1)^2)/(alfa +pha +1)* zH0;
58  Kp(:,ib) = H/(alfa +2)* (1 - zH7) - z/(alfa +1).* (1 - zH6);
59  Kp(:,is) = 1/(alfa +1)* (1 - zH6);
60  K(:,id) = 1/(ma1* (2* pi* n1)^2)/(2* alfa +pha +1)* zH0;
61  K(:,ib) =H/(2* alfa +2)* (1 - zH9) - z/(2* alfa +1).* (1 - zH8);
62  K(:,is) =1/(2* alfa +1)* (1 - zH8);
63  %   式(44)
64  zauv(:,id) = 0.6* H * sz1;
65  zauv(:,ib) = 0.6* H + 0.4* z;
66  zauv(:,is) = 0.6* H + 0.4* z;
67  zas = 0.8* H * sz1;
68  %   式(45),(46),(47)
69  kuv(:,id) =0.5* exp(-0.27* alfa* 1)* exp(-0.27* pha)* sz1;
70  ks(:,id) = 0.5* exp(-0.27* alfa* 2)* exp(-0.27* pha)* sz1;
71  kuv(:,ib) = 0.5* (1 - zH).* exp(-0.27* alfa* 1* …
```

```
72                exp ( - 2. 3 * zH) ) * exp ( - 0. 27) ;
73  ks (:, ib)   = 0. 5 * (1 - zH) . * exp ( - 0. 27 * alfa * 2 * ···
74                exp ( - 2. 3 * zH) ) * exp ( - 0. 27) ;
75  kuv (:, is) = 0. 5 * (1 - zH) . * exp ( - 0. 27 * alfa * 1 * ···
76                exp ( - 3. 5 * zH) ) ;
77  ks (:, is)   = 0. 5 * (1 - zH) . * exp ( - 0. 27 * alfa * 2 * ···
78                exp ( - 3. 5 * zH) ) ;
79  %    等效响应类型循环
80  cr = 'rbm';   % plot line color
81  for k = 1: 3
82     %  u, v
83     ips = ndx (k) ;   %  响应类型
84     ui = interp1 (z, Uz, zauv (:, ips) , 'linear', 'extrap') ;
85     Lui = interp1 (z, Lu, zauv (:, ips) , 'linear', 'extrap') ;
86     Lvi = interp1 (z, Lv, zauv (:, ips) , 'linear', 'extrap') ;
87     %   式 (56) - (57)
88     Tau (:, ips) = tao * du * ui/du. /Lui;
89     Tav (:, ips) = tao * du * ui/dv. /Lvi;
90     Lau (:, ips) = kuv (:, ips) * du * Czu * H/du. /Lui;
91     Lav (:, ips) = kuv (:, ips) * du * Czv * H/dv. /Lvi;
92     %   式 (53) - (55)
93     Qu (:, ips) = 1. / (1 + 0. 56 * (Tau (:, ips) ) . ^0. 74 + ···
94               0. 3 * (Lau (:, ips) ) . ^0. 63 ) ;
95     Qv (:, ips) = 1. / (1 + 0. 56 * (Tav (:, ips) ) . ^0. 74 + ···
96               0. 3 * (Lav (:, ips) ) . ^0. 63 ) ;
97     mvu (:, ips) = du * ui/du. /Lui. /sqrt ( 31. 25 * ···
98        (Tau (:, ips) ) . ^1. 44 + 0. 74 * (Lau (:, ips) ) . ^0. 64 + ···
99        5. 41 * (Tau (:, ips) ) . ^0. 93. * (Lau (:, ips) ) . ^0. 71) ;
100   mvv (:, ips) = du * ui/dv. /Lvi. / sqrt ( 31. 25 * ···
101      (Tav (:, ips) ) . ^1. 44 + 0. 74 * (Lav (:, ips) ) . ^0. 64 + ···
102      5. 41 * (Tav (:, ips) ) . ^0. 93. * (Lav (:, ips) ) . ^0. 71 ;
103      if k = = 1,
104          ndu = n1 * du * Lui/du. /ui;
105          ndv = n1 * dv * Lvi/du. /ui;
106          wg = ndu. * Lau (:, id) ;
107          Cf = 1. /wg - 0. 5 * (1 - exp ( - 2 * wg) ) . /wg. ^2;
```

```
108        Du = pi/4/ks1* du* ndu. / …
109             (1 +1.5* du* ndu). ^(5/3). * Cf;
110        wg = ndv. * Lav(:,id);
111        Cf = 1./wg - 0.5* (1 - exp(-2* wg)). /wg. ^2;
112        Dv = pi/4/ks1* du* ndv. / …
113             (1 +1.5* du* ndv). ^(5/3) . * Cf;
114    end
115    % s  % 式(59) - (64)
116    Las(:,ips) = ks(:,ips)* H/Ls/b;
117    if k = =1,
118        us = interp1(z,Uz,zas,'linear','extrap');
119        Bs = interp1(z,Ba,zas,'linear','extrap');
120        nas = n1* b/S . / us;
121        Fns = nas. ^4 . /(nas. ^4 -3* nas. ^2 + 4);
122        mvs = n1 * Fns . /nas;
123        wg = Las(:,id);
124        Cf = (1. /wg - 0.5* (1 - exp(-2* wg)). /wg. ^2);
125        Ds = sqrt(pi)* nas/4/ks1 . /Bs. * …
126             exp(-((1 - nas). /Bs). ^2) . * Cf;
127    end
128    wg = Las(:,ips);
129    Cf = 1./wg - 0.5* (1 - exp(-2* wg)). /wg. ^2;
130    Qs(:,ips) = Cf . * Fns;
131
132    %  式(33)
133    Xxu(:,ips) = Ju* Kp(:,ips). /K(:,ips)* cxu/cxu;
134    Xyv(:,ips) = Jv* Kp(:,ips). /K(:,ips)* cyv/cxu;
135    Xys(:,ips) = Js* K(:,ips). /K(:,ips)* cys/cxu;
136    %  式(34)
137    Fxu(:,ips) = Ju* Kp(:,id). /K(:,ips) . * …
138             mae(:,ips). /mae(:,id) * cxu/cxu;
139    Fyv(:,ips) = Jv* Kp(:,id). /K(:,ips) . * …
140             mae(:,ips). /mae(:,id) * cyv/cxu;
141    Fys(:,ips) = Js* K(:,id). /K(:,ips) . *
142             mae(:,ips). /mae(:,id) * cys/cxu;
143    %  式(30)
```

```
144     Qx(:,ips) = Xxu(:,ips).^2.* Qu(:,ips);
145     Qy(:,ips) = Xyv(:,ips).^2.* Qv(:,ips) + ⋯
146             Xys(:,ips).^2.* Qs(:,ips);
147     %   式(31)
148     Dx(:,ips) = Fxu(:,ips).^2.* Du(:,id);
149     Dy(:,ips) = Fyv(:,ips).^2.* Dv(:,id) + ⋯
150             Fys(:,ips).^2.* Ds(:,id);
151     %   式(32)
152     mvx(:,ips) = Xxu(:,ips).^2.* Qu(:,ips).* ⋯
153             mvu(:,ips)./Qx(:,ips);
154     mvy(:,ips) = (Xyv(:,ips).^2.* Qv(:,ips).* ⋯
155             mvv(:,ips) + Xys(:,ips).^2.* ⋯
156             Qs(:,ips).* mvs)./Qy(:,ips);
157     %   式(25)
158     vvx(:,ips) = sqrt((mvx(:,ips).* Qx(:,ips) + ⋯
159         n1^2* Dx(:,ips))./(Qx(:,ips) + Dx(:,ips)));
160     vvy(:,ips) = sqrt((mvy(:,ips).* Qy(:,ips) + ⋯
161         n1^2* Dy(:,ips))./(Qy(:,ips) + Dy(:,ips)));
162     %   式(5)
163     tmpx = sqrt(2* log(T* vvx(:,ips)));
164     grx(:,ips) = tmpx + 0.5772./tmpx;
165     tmpy = sqrt(2* log(2* T* vvy(:,ips)));
166     gry(:,ips) = tmpy + 0.5772./tmpy;
167     %
168     %   3D GEF
169     Gax(:,ips) = 1 + grx(:,ips).* ⋯
170             sqrt(Qx(:,ips) + Dx(:,ips));
171     Gay(:,ips) = gry(:,ips).* ⋯
172             sqrt(Qy(:,ips) + Dy(:,ips));
173     %
174     %   show
175     figure(1), hold on
176     plot(Gax(:,ips),zH,[cr(k),'-'])
177     hold off
178     figure(2), hold on,
179     plot(Gay(:,ips),zH,[cr(k),'-'])
```

```
180     hold off
181     %
182  end
183  return
```

附录 B　主要函数索引

函数名称	描　　述	所在章节
br_mod	响应的共振分量与背景分量根方差	3.1
dynp	管路频响函数	2.3
ewl_IWL	等效风荷载的模态惯性力组合法	5.1
ewl_LRC	背景等效风荷载的荷载响应相关法	5.2
ewl_MIWL	模态惯性力组合等效风荷载的矩阵计算	A.4
ewl_RSN	共振等效风荷载（以响应加权）	5.2
ExtrmPq	分段多观测值极值估计	2.5
ExtrmPss	单样本解析方法（映射 Gamma 分布）	2.5
ExtrmV	全风向极值风速估计的极值 I 型分布（Gumbel）	1.4
ExtrmVD	考虑风向的极值风速估计 Cook 法	1.4
ExtrmVDr	考虑风向的极值风速估计改进的 Cook 法	1.4
genf_mod	广义荷载谱及荷载协方差矩阵	3.1
genq_mod	广义位移谱及广义位移协方差阵	3.1
Infun	影响系数矩阵	3.1
Iuz	湍流度剖面（荷载规范）	2.2
modal_beam	悬臂型结构动力分析	A.2
muf0	脉动系数（以前荷载规范）	A.1
muz	风压高度变化系数（荷载规范）	2.2
muz0	风压高度变化系数（以前荷载规范）	A.1
pod	脉动荷载场 POD 分解	2.4
pod_rec	脉动压力场 POD 预测	2.4
pow_log	平均风剖面的对数律与指数律互换	1.1